FORSCHUNGSBERICHTE
DES WIRTSCHAFTS- UND VERKEHRSMINISTERIUMS
NORDRHEIN-WESTFALEN

Herausgegeben von Staatssekretär Prof. Dr. h. c. Leo Brandt

Nr. 328

Dr. phil. Hans Maeder

Schweißtechnische Lehr- und Versuchsanstalt, Duisburg

Schweißen von Temperguß

Als Manuskript gedruckt

SPRINGER FACHMEDIEN WIESBADEN GMBH

ISBN 978-3-663-04123-8 ISBN 978-3-663-05569-3 (eBook)
DOI 10.1007/978-3-663-05569-3

Gliederung

A. Einleitung

Im allgemeinen wird in der Praxis nur weißer Temperguß als schweißbar angesehen, während für den schwarzen Temperguß das Hartlöten empfohlen wird. Diese Festsetzung bezieht sich allerdings nur auf Festigkeitsverbindungen. Schönheitsreparaturen und Ausbesserungen werden auch an schwarzem Temperguß durch Schweißen ausgeführt.

In der vom Verein Deutscher Gießereifachleute herausgegebenen Monographie über Temperguß sind im Kapitel "Schweißen von Temperguß" (1) bereits allgemeine Regeln über die Ausführung der Schweißung an Temperguß gegeben. ZEYEN und LOHMANN (2) stellen allgemein fest, dass schwarzer Temperguß schlecht und weißer Tempergus umso besser schweißbar sei, je breiter seine entkohlte Randzone ist. Die Gasschweißung wird jedoch von diesen Autoren nicht empfohlen, während nach ihrer Ansicht dünn umhüllte Elektroden aus unlegiertem Stahl oder auch Seelenelektroden oder ummantelte Elektroden aus Monel oder austenitischen Chrom-Nickelstählen eine elektrische Verschweißung von weißem Temperguß gestatten. Bei Widerstandschweißung, die bei weißem und beschränkt auch bei schwarzem Temperguß möglich sei, wird eine nachträgliche Glühung der Schweißung empfohlen. Weitere Einzelergebnisse über das Schweißen von Temperguß werden in den Arbeiten von Th. TILEMANN (3), H. CORNELIUS (4) und E. BOEHM-ESTERS (5) berichtet. F. ROLL (6) hat erst kürzlich ein Merkblatt über das Schweissen von Temperguß veröffentlicht, das vom Fachausschuß Temperguß im Verein Deutscher Gießereifachleute zusammengestellt wurde. Es enthält wertvolle Hinweise für den Verbraucher und kann jedem Temperguß verarbeitenden Betrieb nur empfohlen werden.

B. Bericht

I. Versuchsprogramm

Die vorliegende Arbeit sollte klären, welche Tempergußqualitäten sich zum Schweißen nach den verschiedenen Verfahren und für verschiedene Anwendungen eignen. Es wurden daher die genormten Weißgußsorten, Sonderweißguß-Qualitäten (schweißbar), schwarzer Temperguß und Abwandlungen desselben in die Untersuchung einbezogen. Ferner wurde zum Vergleich St 37.11 herangezogen, der in einer weiteren Versuchsreihe mit

Temperguß verschweißt wurde. Als Schweißverfahren wurden die Gasschmelzschweißung, die Lichtbogenschweißung, die Schutzgas- und Widerstandschweißung angewendet.

Es wurden Platten und Rohre aus Temperguß untereinander und mit St 37.11-Platten und Rohren verschweißt. Festigkeits- und Gefüge-Untersuchungen am angelieferten Werkstoff und an den geschweißten Proben rundeten das Bild über die Möglichkeit der Verschweißung von Tempergus ab und gestatten heute eine Aussage über das Verhalten dieser hochwertigen Werkstoffe bei Konstruktions- und Reparaturschweißungen.

II. Werkstoffe

In Tabelle 1 sind die bei den vorliegenden Untersuchungen verwendeten Werkstoffe mit ihren Festigkeitswerten, Richtanalysen und Herstellungsbedingungen zusammengestellt.

Ferner sind in dieser Tabelle drei Lieferanten A, B und C vermerkt, die in uneigennütziger Weise die vorliegenden Untersuchungen durch Bereitstellung von Versuchsmaterial und durch Unterstützung bei der Durchführung und Auswertung der Versuche gefördert haben. Es ist dem Verfasser eine angenehme Pflicht, diesen Firmen seinen besonderen Dank auszusprechen. Ferner schuldet der Verfasser dem Leiter des Fachausschusses Temperguß im Verein Deutscher Gießereifachleute, Herrn Oberbaurat Dr. phil. ROLL für sein stetes, förderndes Interesse an dieser Arbeit aufrichtigen Dank.

In Tabelle 1 ist ferner in Spalte 4 eine kurze Kennzeichnung des Gefüges der angelieferten Werkstoffe aufgenommen, das sich im einzelnen aus den Abbildungen 1 - 6 ergibt (alle Ätzungen der Gefüge wurden mit 1%iger alkoholischer HNO_3 ausgeführt.)

Werkstoff I weist bei geringen Wanddicken rein ferritisches Gefüge auf, während mit zunehmender Wandstärke der Perlitgehalt des Kerns ansteigt (Abb. 1 s.S 9).

Werkstoff II zeigt ein ferritisches Gefüge mit geringer Perlitbildung und Temperkohle-Ausscheidungen, während Werkstoff III auf Grund seines hohen Gehaltes an Perlit als eine perlitische Sondergüte des schwarzen Tempergußes anzusprechen ist, die hohe Festigkeits-, Streckgrenzen- und Dehnungswerte besitzt, wie ebenfalls Tabelle 1 ausweist.

T a b e l l e 1

Bei der Untersuchung verwendete Werkstoffe und ihre Charakteristika

Werkstoff-kennzchg.	DIN-Bezchg.	Sonder-bezchg.	Liefer-firma	Gefüge	Probestab DIN 1692 Ø mm	Festigkeitswerte σ_s kg/mm²	σ_B kg/mm²	δ (l =3d) %
I	GTW 40s	Sondergüte nach D.B.P. *	A	ferrit.-perlit.	9 12	20-28 20-28	33-42 36-44	28-36 20-28
II	GTS 38	Schwarzguß	B	ferrit.-perlit. Schwarzguß	9 12	22-25	38-40	12-15
III	GTS 38	perlitischer Schwarzguß (Sondergüte)	B	perlitisch Temperkohle	9 12	31-33	52-55	7-9
IV	St 37.21		A	ferritisch	9 12	21-25	37-45	18-20
V	GTW 40s	schweißbarer weißer Temperguß	C	ferrit.-perlit. Kern/Temperk. in Ferrit	9 12	21-24	38-45	8-15
VI	GTW 40s	schweißbarer weißer Temperguß	C	ferrit.-perlit. Kern: Temperk.	9 12	23-27	38-45	10-30
VII	GTW 40	normaler weißer Temperguß	C	perlitisch Kern: Temperk.	9 12	23-25	40-45	7-10

* D.B.P. 827 352 und Auslandspatente
D.B.P. 8o7 692

Tabelle 1a

Erschmelzungs- und Glühbedingungen und Analysen der verschiedenen verwendeten Tempergußqualitäten

Werkstoff-kennzchg.	DIN-Bezchg.	Erschmelzung	Glühbedingungen T° und h	Rohgußanalyse C	Si	Mn	S	P	Cr
I	GTW 40s	Duplex (Kupol/Ölofen)	1050° 96 h	2,7 bis 3,o	o,25 bis o,35	o,7o bis o,8o	o,o2 bis o,o6	o,o8 max.	o,1 max.
II	GTS 38	Brakelsberg Drehofen	900° - 950° 60 - 90 h	2,2 bis 2,5	1,3 bis 1,1	o,3 bis o,5	unter o,o8	unter o,o8	unter o,o6
III	GTS 38 (perlit. Sondergüte)	Brakelsberg Drehofen	900° - 950° 60 - 90 h	2,2 bis 2,5	1,3 bis 1,1	o,3 bis o,5	unter o,o8	unter o,o8	unter o,o6
IV	St 37.21	-	-	o,o9	Spur	o,34	o,o16	o,o22	-
V	GTW 40s	Duplex (Kupol/Ölofen)	1020°-1050° 96 h	2,8 bis 3,o	o,5 bis o,6	o,3 bis o,4	o,o6 bis o,o8	o,o4 bis o,o5	
VI	GTW 40s	Duplex (Kupol/Ölofen)	1020°-1050° 96 h	2,8 bis 3,o	o,4 bis o,5	o,2 bis o,3	o,o6 bis o,o8	o,o4 bis o,o5	
VII	GTW 40	Kupolofen	1000°-1020° 84 h	3,o bis 3,2	o,6 bis o,7	o,3 bis o,4	o,16 bis o,2	o,o7 bis o,o9	

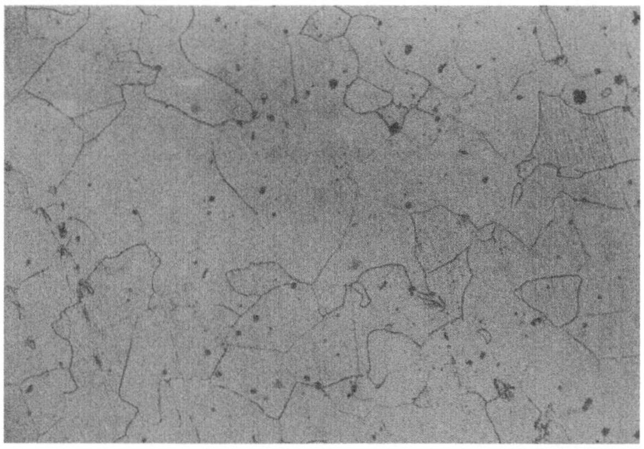

160 x ungeätzt
Wanddicke 9 mm

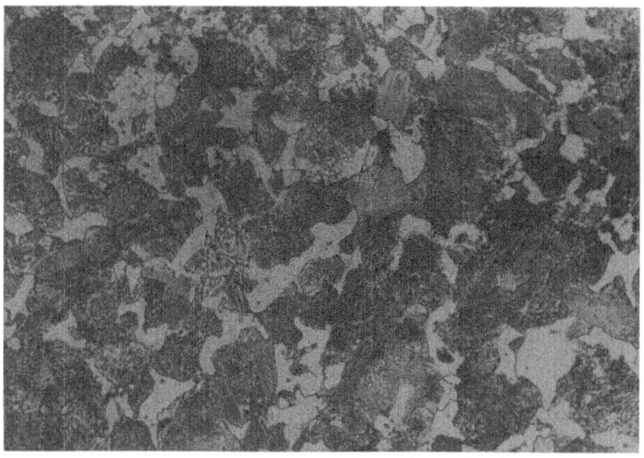

160 x geätzt
Wanddicke 9 mm

A b b i l d u n g 1
Gefügebild des Werkstoffes I

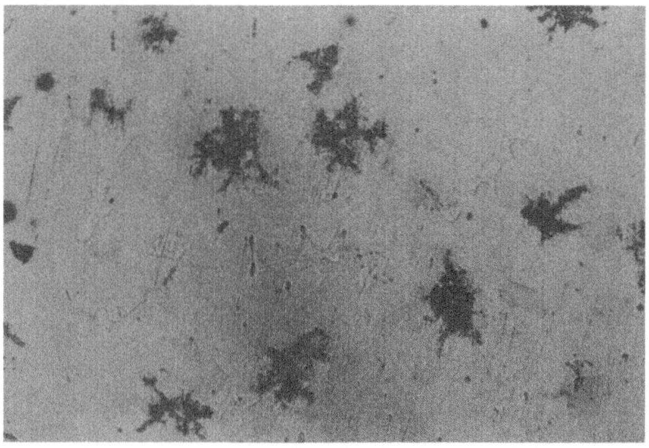

160 x ungeätzt
Wanddicke 6 mm

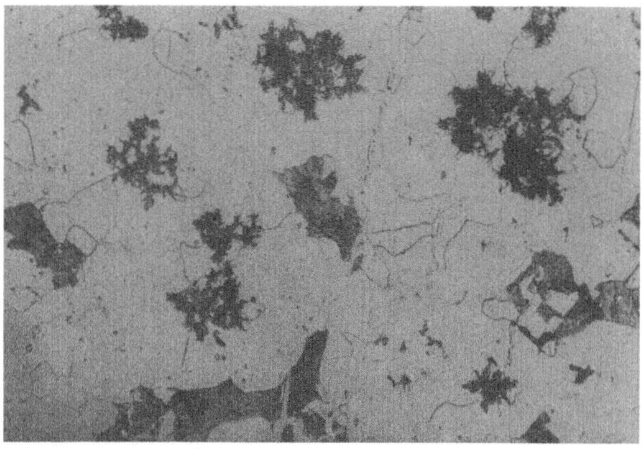

160 x geätzt
Wanddicke 6 mm

A b b i l d u n g 2
Gefügebild des Werkstoffes II

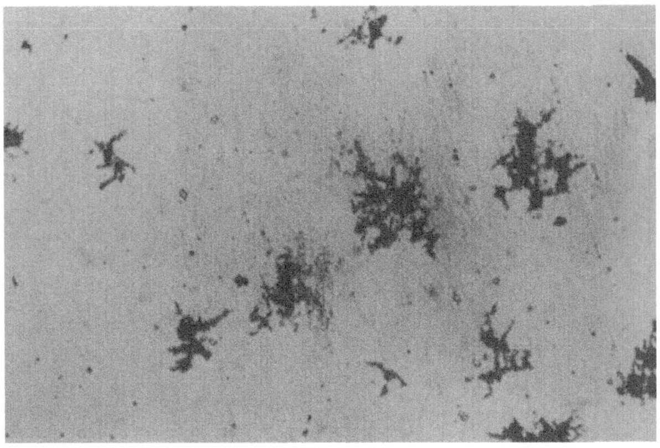

160 x ungeätzt
Wanddicke 6 mm

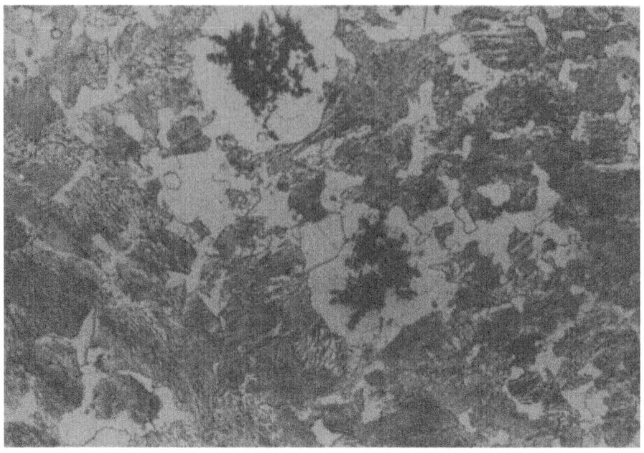

160 x geätzt
Wanddicke 6 mm

A b b i l d u n g 3
Gefügebild des Werkstoffes III

Werkstoff V und VI zeigen ferritisches Gefüge mit geringen Mengen von Perlit und je nach Wandstärke mehr oder weniger starke Ausscheidungen von Temperkohle im Kern. Die Temperkohle ist hier grob in Ferritinseln ausgeschieden. Es handelt sich bei diesen beiden Werkstoffen um die Schweißqualität des GTW 40.

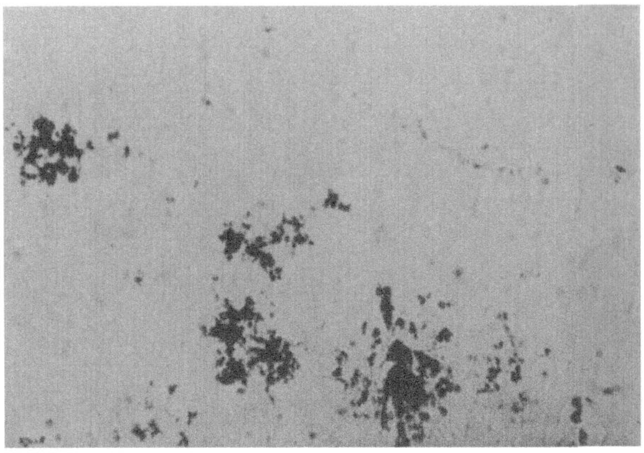

160 x ungeätzt
Wanddicke 9 mm

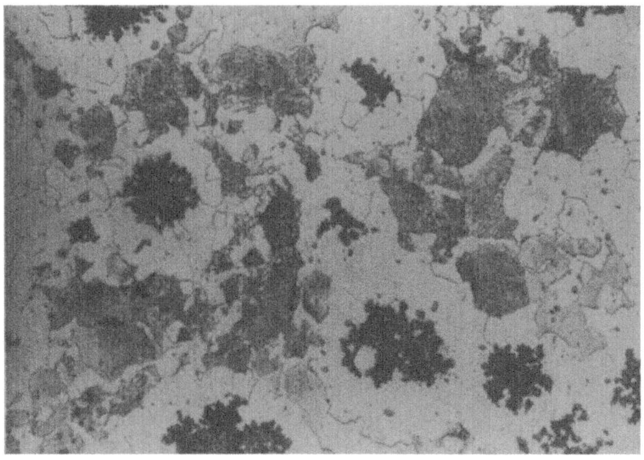

160 x geätzt
Wanddicke 9 mm

A b b i l d u n g 4
Gefügebild des Werkstoffes V

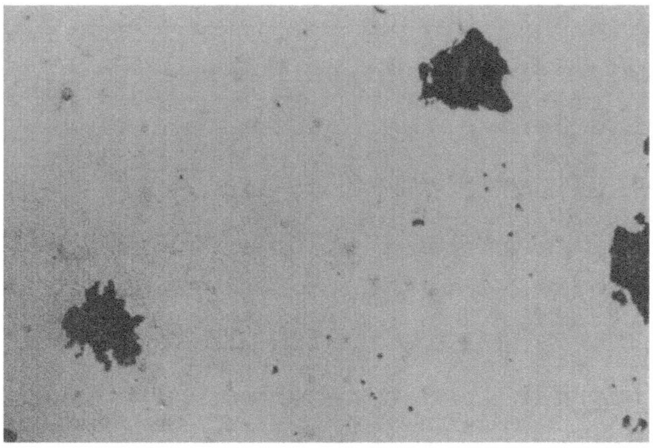

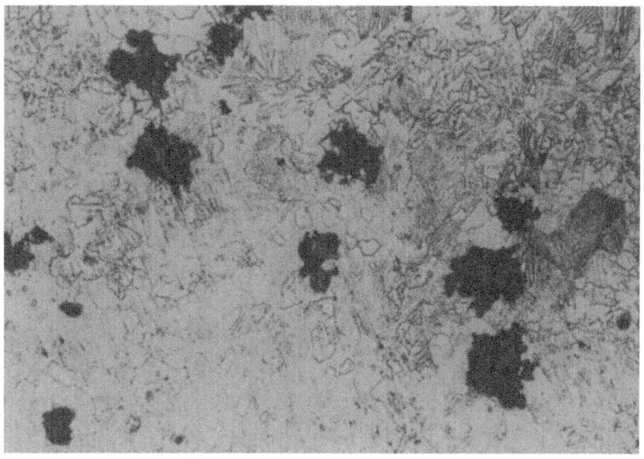

160 x ungeätzt 160 x geätzt

Wanddicke 9 mm Wanddicke 9 mm

A b b i l d u n g 5

Gefügebild des Werkstoffes VI

Werkstoff VII dagegen stellt die Normal-Qualität des GTW 40 dar, dessen Gefüge ungeätzt von denen der Werkstoffe V und VI sich dadurch unterscheiden, daß es weniger Temperkohle aufweist. Nach der Ätzung wird festgestellt, daß es fast rein perlitisch ist.

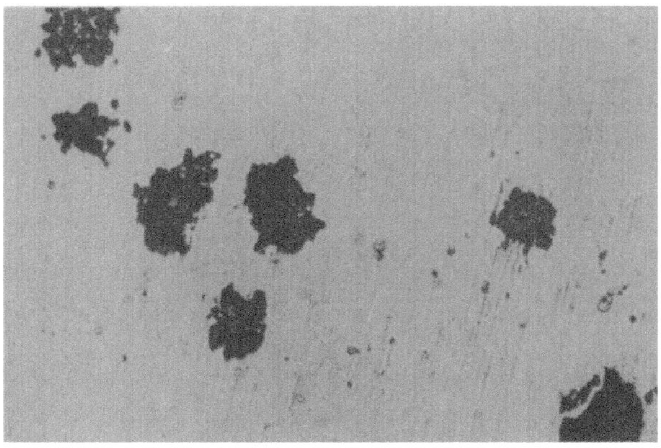

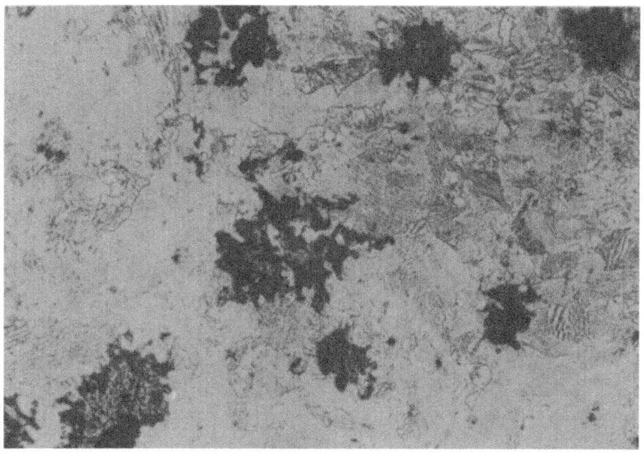

160 x ungeätzt 160 x geätzt

Wanddicke 9 mm Wanddicke 9 mm

A b b i l d u n g 6

Gefügebilder des Werkstoffes VII

III. Vorversuche

In Vorversuchen wurde zunächst die günstigste Elektrode und der zweckmäßigster Zusatzwerkstoff für die Lichtbogen-bzw. Autogenschweißung ermittelt.

Elektroden der Gruppe Ti 13 E $34_z/52_z$ (neue Bezeichnung nach DIN 1913, Entwurf vom Oktober 1953: Ti VII m/433/12), verschweißt an Wechselstrom, erwiesen sich als sehr günstig zum Verschweißen des Werkstoffes I, während autogen zweckmässig mit G 37-Zusatzdraht geschweißt wurde. Diese beiden Zusatzwerkstoffe wurden auch beibehalten beim Verschweißen dieser Tempergußqualität mit St 37.11. Beim Lichtbogenschweißen mit Gleichstrom brannte der Lichtbogen infolge der Blaswirkung sehr unruhig. Diese Beobachtung hängt jedoch offenbar mit der Kürze der Proben zusammen. Bei längeren Nähten dürfte beim Schweißen mit Gleichstrom dieser Nachteil wahrscheinlich nicht auftreten. Es soll daher hier nicht entschieden werden, welche Stromart die günstigste ist.

Beim WIT [1)], und MIT [2)]-Schweißverfahren, die versuchsweise nur an Werkstoff I eingesetzt wurden, aber gewisse Schwierigkeiten ergaben, wurde G 37-Draht bzw. der speziell für das MIT-Verfahren von verschiedenen Firmen entwickelte verkupferte oder- besser-nicht verkupferte Zusatzdraht verwendet. Die übrigen Werkstoffe, die sich durch einen mehr oder weniger hohen Temperkohle-Gehalt auszeichnen und daher Neigung zu Rißbildung zeigen, konnten im allgemeinen rißfrei nur mit kalkbasischen Elektroden des Typs Kb 52 $E34_z/52_z$ verschweißt werden, während sich die Autogenschweißung in diesen Fällen - wenn überhaupt - nur mit Gußeisenschweißstäben befriedigend ausführen ließ. Die bei den Lichtbogen- und Autogen-Schweißversuchen verwendeten Elektroden bzw. Zusatzdrähte einschl. der Schweißdaten sind in Tabelle 2 zusammengestellt.

Die Widerstandschweißversuche wurden auf einer Maschine (UMA 65) der Firma AEG für Bergwerksbedarf in Mülheim/Ruhr-Saarn, der auch an dieser Stelle für ihr freundliches Entgegenkommen und die Unterstützung bei den Versuchen gedankt sei, durchgeführt. Die Versuche bei der Widerstandschweißung zeigten, daß die Schweißbedingungen in gewissen Grenzen verändert werden können, ohne daß die Güte der Nähte beeinträchtigt wird. Für die Herstellung der endgültigen Schweißproben wurden die für die bisher durchgeführten statischen Festigkeitsversuche günstigsten Schweißbedingungen ausgewählt; sie sind für die verschiedenen Werkstoffe in Tabelle 3 zusammengestellt. (In beiden Tabellen (2 und 3) bedeutet in der Spalte "Werkstoffe" die Kennzeichnung I/IV usw. eine Verschweißung des Werkstoffes I mit Werkstoff IV und so fort.)

Tabelle 2

Bedingungen für das Lichtbogen- und Autogenschweißen von Temperguß

Werkstoff	Schweißverfahren	Stromstärke A	Spannung V	Zusatzstab Elektrode Ø mm	Bemerkungen
I	E E **) A	98/143 *) 97/134 *)	19/21 *) 26/26 *)	3.25 3.25 3/4	Ti-saure-Elektrode " " " b.Rohren G-37-Draht
II	E A	dgl.	dgl.	dgl. dgl.	Kb-Elektrode Amanit-Stäbe
III	E A	dgl.	dgl.	dgl. dgl.	dgl. dgl.
V	E A	dgl.	dgl.	dgl. dgl.	dgl. dgl.
VI	E A	dgl.	dgl.	dgl. dgl.	dgl. dgl.
VII	E	dgl.	dgl.	dgl. dgl.	dgl. dgl.

*) die niedrige Stromstärke wurde für die 1., die höhere für die folgenden Lagen angewendet

**) E = Lichtbogenschweißung
A = Autogenschweißung

T a b e l l e

Bedingungen beim Widerstandschweißen von Temperguß

Werkstoff	Wanddicke mm	Schw.-Strom kA	Spannkraft to	Stauchkraft to	Anfangstellung d.Backen mm	Endstellung d.Backen mm	Abbrand mm	Stauchung mm	Schweißzeit sek.	Nachwärmezeit sek.
I u. I/IV	6 9 12	27,4 21,7 21,7	14 14 14	<2*) 2 2 1/2	4o 5o 55	3o 37 41	4 8 8	6 5 6	~ 3,5 ~ 11 ~ 19	-- 3 3
II u. II/IV	6 9 12	27,4 21,7 21,7	14 14 14	<2*) 2 2 1/2	4o 5o 55	26 35 42	4 8 8	1o 7 5	~ 3,6 ~ 14 ~ 19	-- 3 3
III u. III/IV	6 9 12	27,4 21,7 21,7	14 14 14	<2*) 2 2 1/2	4o 5o 55	29 37 42	4 8 8	7 5 5	~ 3,5 ~ 12 ~ 18	-- 3 3
V u.V/IV	6 9 12	27,4 21,7 21,7	14 14 14	<2*) 2 2 1/2	38 5o 55	29 36 37	4 8 8	5 6 1o	~ 3,2 23 11	-- 3 3
VI u. VI/IV	6 9 12	21,7	14	2	5o	34	8	8	~ 13,5	3
VII u. VII/IV	6 9 12	27,4 21,7 21,7	14 14 14	<2*) 2 2 1/2	4o 5o 55	3o 35 4o	4 8 8	6 7 7	~ 4,3 ~ 13 ~ 18	-- 3 3

*) Einstellung unter 2 to ungenau

IV. Versuchsdurchführung

Die Werkstoffe standen in Form von Platten von 6,9 und 12 mm Dicke zur Verfügung in den Abmessungen von 6 x 60 x 90, 9 x 75 x 90 bzw. 12 x 75 x 90 mm. Ferner waren von Werkstoff I und IV 9o mm lange Rohre 42 x 3,5 mm angeliefert worden. Für die Autogen-, Lichtbogen- und Schutzgasschweißversuche wurden die Platten und Rohre bei 6 mm mit einem Öffnungswinkel von 45°, bei 9 mm von 60° für eine V-Naht vorbereitet, während die 12 mm-Proben zur X-Naht-Schweißung mit einem Öffnungswinkel von 60° versehen wurden. Bei der Widerstandschweißung wurden Platten sowie Rohre stumpf aneinander geschweißt. Während bei Werkstoff I die 6 mm dicken Proben ohne jede Wärmevor- und -nachbehandlung geschweißt werden konnten, wurden die 9 und 12 mm starken Proben dieses Werkstoffes und alle Wanddicken der übrigen Temperguß-Werkstoffe wärmevor- bezw. -nachbehandelt, wie im folgenden näher beschrieben wird.

Bei der WIT- und MIT - Schweißung beschränkten sich die Schweißungen, wie bereits vermerkt wurde, nur auf einige tastende Versuche mit dem Werkstoff I, da es sich herausstellte, daß bei diesem Verfahren gewisse Schwierigkeiten hinsichtlich der Schweißtechnik auftraten. Da überdies die genannten Schutzgasschweißverfahren beim Verschweißen von Tempergußteilen z.B. in der Fahrzeugindustrie wegen der Kürze der Nähte nicht die Bedeutung erlangen werden wie die Lichtbogen- und die Autogenschweißung, wurde darauf verzichtet, diese Verfahren eingehend zu prüfen. Einige von der Firma Gesellschaft Linde mit dem Werkstoff I durchgeführte Schweißversuche zeigten allerdings, daß auch Temperguß mit von dieser Firma normalerweise für die Stahlschweißung empfohlenen Drähten Fe 32 verschweißt werden kann.

1. Schweißen von Werkstoff I

Wie bereits ausgeführt, wurden die 6 mm dicken Platten und 3,5 mm dicken Rohre ohne jede Vorwärmung verschweißt. Bei den 9 und 12 mm-Proben wurde versuchsweise ohne Vorwärmung geschweißt. Das Ergebnis der Rollhärteprüfung an je einer autogen geschweißten 9 und 12 mm-Naht zeigt jedoch, daß bei diesen Wanddicken in der Übergangszone Härten von über 2oo bzw.3oo HV auftreten (Abb. 7 und 7a). Es wurden daher die 9 mm und 12 mm-Proben nach der Heftung auf etwa 350° im Ofen vorgewärmt und nach der Schweißung ebenfalls im Ofen langsam abgekühlt.

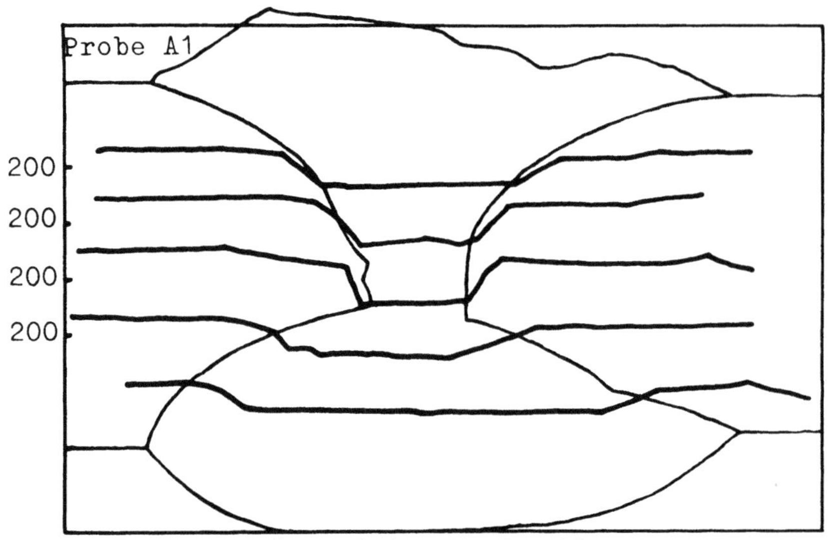

9 mm Autogenschweißung

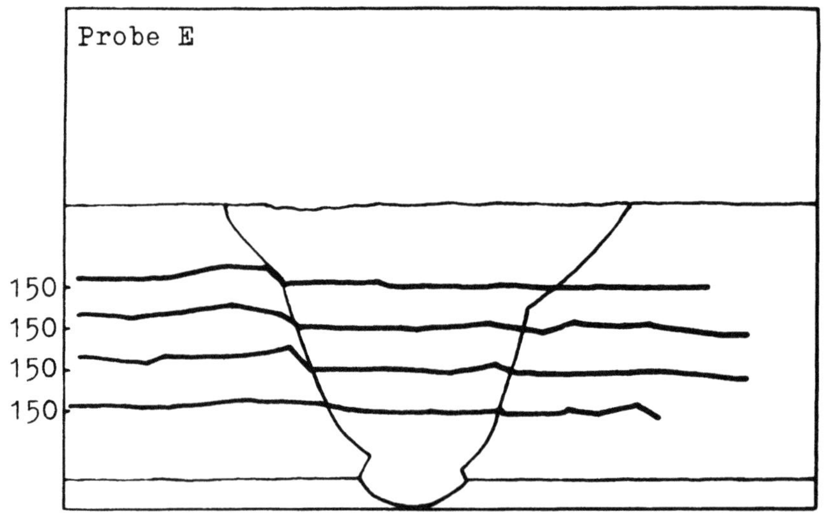

12 mm Autogenschweißung

A b b i l d u n g 7

Rollhärtekurven einer 9- und 12-mm Naht des Werkstoffes I.
(geschweißt ohne Vorwärmung und ohne langsame Abkühlung)

Die Autogenschweißung - in einer Auffüllung - läßt sich an allen Stärken gut durchführen, obgleich festgestellt wurde, daß mit einer besonderen Technik geschweißt werden muß: Die Schweißflamme muß senkrecht auf das Werkstück gerichtet werden, wodurch die Wärmeeinflußzone unverhältnismäßig breit wird. Wird der Brenner aber tief genug in die Nahtfuge gehalten, so fällt eine schmale Wärmeeinflußzone an.

Bei den 9 und 12 mm Proben ist der hohe Wärmebedarf besonders auffällig, wodurch die Wärmeeinflußzone sehr breit wird.

Bei der Lichtbogenschweißung, die hier und auch bei allen anderen Werkstoffen in mehreren Lagen ausgeführt wurde, treten die obigen Nachteile nicht auf. Mit der gewählten titansauren Elektrode ließen sich alle Dicken einwandfrei verschweißen. Auch hier wurden die 9 und 12 mm-Proben auf etwa 350° vorgewärmt und nach dem Schweißen im Ofen langsam abgekühlt. Auch die Verschweißung von Werkstoff I mit Stahl St 37.11 ließ sich in der beschriebenen Weise einwandfrei durchführen.

Von Werkstoff I waren als einzigem Werkstoff auch Rohre in den Abmessungen 42 x 3,5 mm angeliefert worden. Bei den Schweißversuchen wurden diese Rohre autogen (auch in Zwangslage) mit G 37-Zusatzdraht unter sich und an Stahlrohren verschweißt. Obgleich eine Lichtbogenschweißung derartig dünner Abmessungen normalerweise nicht durchgeführt wird, wurden einige Rohre mit der gleichen titansauren Elektrode geschweißt. Hier wie auch bei der Widerstandschweißung traten keinerlei Schwierigkeiten auf.

2. Schweißen von Werkstoff II

Beim Werkstoff II lag, wie Tabelle 1 und Abbildung 2 zeigen, ein ferritischer GTS 38 vor. Die ersten Autogen-Probeschweißungen mit G 37-Draht ohne Vorwärmung zeigten bereits, was bekannt ist, daß dieser Werkstoff mit der normalen Technik nicht geschweißt werden kann. Das Material ist so dünnflüssig, daß der Schweißer nicht in der Lage ist, den Fluß zu beherrschen, so daß an den Rändern tiefe Kerben entstehen. Das Aussehen einer solchen Naht entspricht in keiner Weise den Anforderungen (Abb. 8, s. S. 20). Ferner treten bereits während der Abkühlung Risse auf.

Es wurden daraufhin einige 9 mm-Proben dieses Werkstoffes unter Vorwärmung auf etwa 400° mit profilierten Gußeisenschweißstäben (Amanitstäbe) verschweißt, die in einer Rille eingepreßtes Flußmittel enthalten. Mit diesem Zusatzdraht ließ sich der Fluß beherrschen. Risse traten nicht auf. Über die metallographischen und technologischen Mängel einer solchen Verbindung wird weiter unten berichtet.

Bei der Lichtbogenschweißung mit der eingangs erwähnten titansauren Elektrode zeigte sich ebenfalls, daß wegen der großen Dünnflüssigkeit dieses Werkstoffes die Nahtenden nicht gehalten werden können; die flüssige

Schmelze tropft insbesondere am Ende der Naht ab. Erst nach Einsatz der in Tabelle 2 genannten kalkbasischen Elektrode konnte bei Vorwärmung auf etwa 400° auch dieser Werkstoff rißfrei verschweißt werden.

Beim Verschweißen mit Stahl (Werkstoff IV), was selbstverständlich ebenfalls nur nach Vorwärmung ausgeführt wurde, zeigten sich ebenfalls gewisse Mängel, auf die später noch im einzelnen eingegangen wird.

3. Schweißen von Werkstoff III

Auch dieser perlitische Werkstoff konnte autogen nur mit Gußeisenschweißstäben und elektrisch nur mit einer kalkbasischen Elektrode nach Vorwärmung auf etwa 400° rißfrei verschweißt werden. Es besteht der Eindruck, daß dieser Werkstoff sich beim Schweißen etwas günstiger verhält als Werkstoff II. Aber auch hier traten gewisse andere Nachteile auf, über die im einzelnen noch berichtet wird.

4. Schweißen von Werkstoff V und VI

Diese schweißbare GTW 40s-Qualität ließ sich sowohl autogen mit Gußeisenschweißstäben unter Vorwärmung auf etwa 400° als auch elektrisch mit kalkbasischer Elektrode nur recht unvollkommen verschweißen. Schon während des Schweißens wurde in der Schweißnaht und im Grundwerkstoff Blasenbildung beobachtet, die bei den Autogen-Schweißproben besonders stark war. Bei Werkstoff VI traten diese Mängel nicht so augenfällig in Erscheinung wie bei V. Die Blasenbildung erschwert bzw. macht die Verschweißung besonders des Werkstoffes V fast unmöglich, während sich VI noch verhältnismäßig gut verschweißen läßt.

5. Schweißen von Werkstoff VII

Dieser Werkstoff, die normale GTW 40-Qualität, zeigt beim Autogenschweißen eine viel geringere Blasenbildung als Werkstoff V. Auch bei der Lichtbogenschweißung traten die obigen Mängel in weit geringerem Maße auf als bei Werkstoff V.

Aber auch dieser Werkstoff konnte rißfrei autogen nur mit Gußeisenschweißstäben und elektrisch nur mit kalkbasischen Elektroden verschweißt werden. Es besteht der Eindruck, daß sich dieser Werkstoff besser schweißen läßt, als Werkstoff V, der als GTW 40 s angeliefert worden ist. Weiterhin bestätigte sich auch bei Werkstoff VII die schon bei II, III, V und

VI beobachtete Tatsache, daß die Schmelztemperatur der verwendeten Zusatzwerkstoffe zu hoch liegt.

6. Widerstandschweißen der untersuchten Tempergußwerkstoffe

Bei der Herstellung der Widerstandschweißungen nach dem Abbrennverfahren erwies es sich, was bereits bekannt ist, daß sich alle Werkstoffe verhältnismäßig gut verschweißen ließen. Dabei konnten die bereits oben angegebenen Schweißbedingungen in gewissen engen Grenzen ohne Beeinflussung der mechanischen Gütewerte der Nähte verändert werden. Bei den geringen Wandstärken von 6 mm und etwa 3,5 mm (bei Rohren), die ohne Vorwärmung geschweißt wurden, erwies es sich als zweckmässig, die Proben nicht fest aneinander anliegend in die Schweißmaschine einzuspannen, sondern zur Erhöhung des Widerstandes und damit der Temperatur jeweils einen Abstand von mindestens 1 mm einzuhalten und gleichzeitig die Proben nicht parallel, sondern leicht gegeneinander versetzt einzuspannen, damit ein sicheres Abbrennen im kalten Zustande gewährleistet wird.

7. Schutzgasschweißversuche

Die beiden Schutzgasschweißverfahren - WIT und MIT - Schweißung wurden, wie bereits erwähnt, nur versuchsweise bei Werkstoff I eingesetzt. Diese Verfahren sind normalerweise infolge ihrer hohen Schweißgeschwindigkeit nur für die Herstellung langer Schweißnähte geeignet. Wenn sie hier trotzdem bei der Herstellung kurzer Nähte erprobt wurden, so sollte nur ermittelt werden, ob sie sich grundsätzlich auch zur Verschweißung von Temperguß eignen. Die Versuche wurden teilweise in der SLV und bei den Rheinischen Röhrenwerke in Mülheim/Ruhr durchgeführt. Der letztgenannten Firma sei auch an dieser Stelle der besondere Dank des Verfassers ausgesprochen. Es zeigte sich jedoch sehr schnell, daß sich bei der Verschweißung selbst des Werkstoffes I mit seinem verhältnismäßig niedrigen, nur gebundenen Kohlenstoff, gewisse Schwierigkeiten ergeben, die hier nicht überwunden werden konnten. Es wurden daher Proben des Werkstoffes I an die Firma Gesellschaft Linde, München/Höllriegelskreuth gesandt, die in entgegenkommender Weise einige Schweißversuche nach beiden Verfahren durchführte. Auch dabei wurden die gleichen Schwierigkeiten festgestellt. Immerhin gelang es Linde, einige brauchbare und verhältnismäßig dichte und fast porenfreie Nähte herzustellen.

V. Versuchsergebnisse

Die röntgenographische, metallographische und technologische Untersuchung der Schweißungen hatte folgendes Ergebnis:

Die Abbildungen 9 - 14 zeigen Ansichten von Schweißnähten, die in der bereits beschriebenen Weise angefertigt wurden. Der äußere Befund läßt die einwandfreie Verschweißung erkennen.

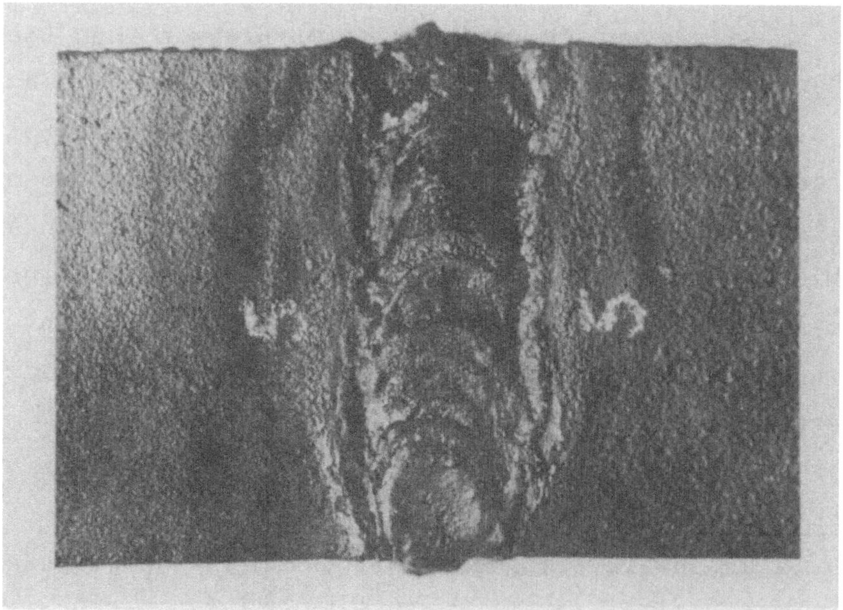

Abbildung 8

Autogene Schweißnaht des Werkstoffes II geschweißt mit G.37-Draht ohne Wärmevor- und -nachbehandlung ca. 3/4 natürliche Größe

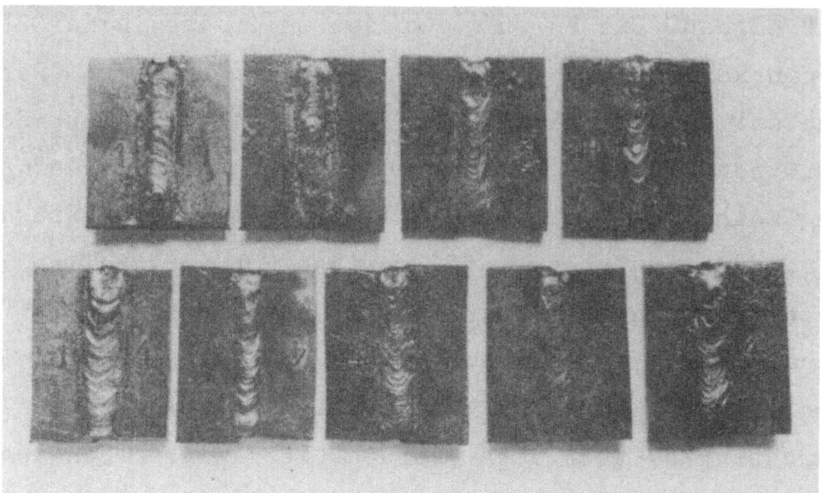

Abbildung 9

Lichtbogenschweißungen 6 mm an den Werkstoffen; I, II, III, VII, I,/IV, II/IV, III/IV, V/IV, VII/IV; ca. 1/2 natürliche Größe

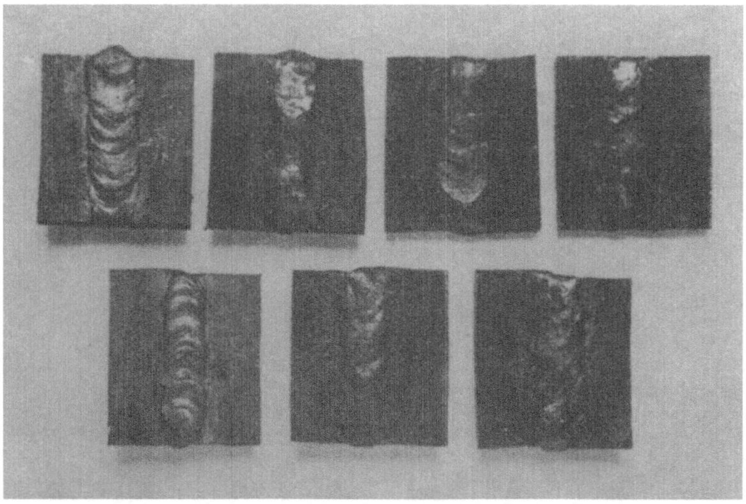

A b b i l d u n g 10
Autogenschweißungen 6 mm an den Werkstoffen
I, II, III, VII
I/IV, II/IV, III/IV
ca. 1/2 natürliche Größe

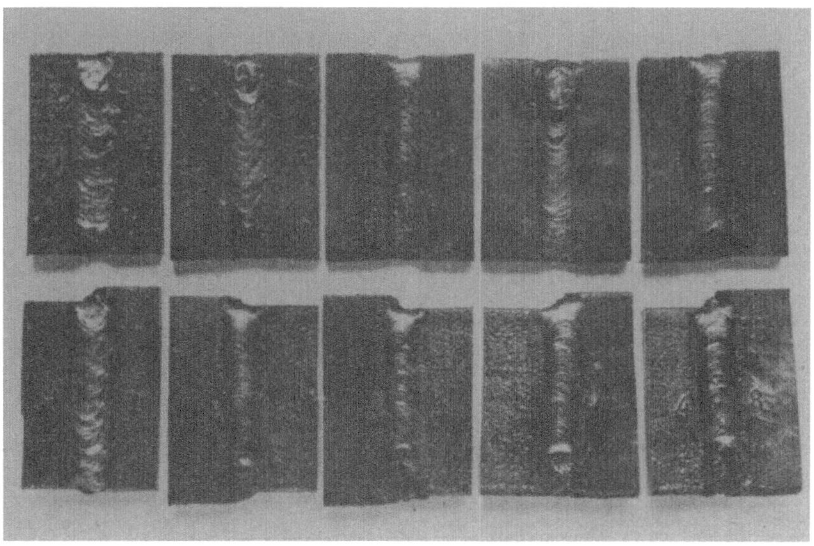

A b b i l d u n g 11
Lichtbogenschweißungen 9 mm an den Werkstoffen
I, II, III, V, VII
I/IV, II/IV, III/IV, V/IV, VII/IV
ca. 1/2 natürliche Größe

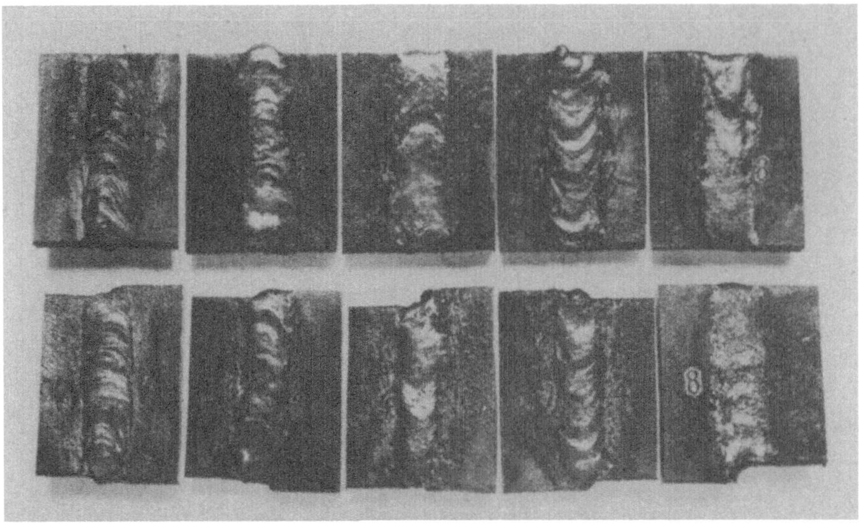

Abbildung 12
Autogenschweißung 9 mm an den Werkstoffen
I, II, III, V, VII
I/IV, II/IV, III/IV, V/IV, VII/IV
ca 1/2 natürliche Größe

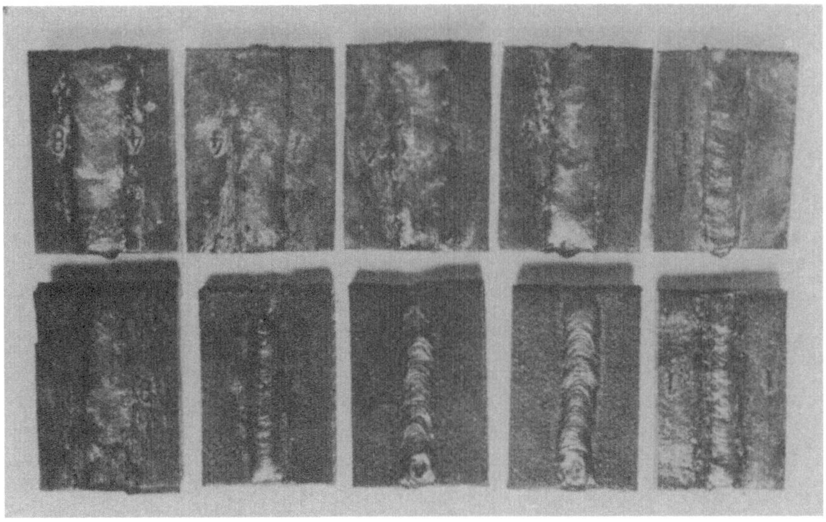

Abbildung 13
Lichtbogen- und Autogenschweißung 12 mm an den Werkstoffen
I, II, III, V, VII
I/IV, II/IV, III/IV, V/IV, VII/IV
ca. 1/2 natürliche Größe

A b b i l d u n g 14
Widerstandschweißung 6 und 9 mm an den Werkstoffen
I/I, I/I
III/IV, VII/VII

1. Röntgenographischer Befund

Abbildung 15 zeigt in einer Zusammenstellung von allen Werkstoffen Autogen-Schweißnähte an 6 mm, die mit G 37-Zusatzdraht hergestellt wurden. Es ist deutlich zu erkennen, daß Werkstoff I einwandfreie Nähte ergibt, während alle anderen Tempergußqualitäten mehr oder weniger unvollkommene Schweißverbindungen zeigen. Die bereits erwähnte Blasenbildung bei den Werkstoffen V und VI und VII ist deutlich zu erkennen. Das gleiche Ergebnis, wenn auch in verringertem Maße, aber ganz besonders bei Werkstoff V bis VII, zeigen die Röntgenbilder der entsprechenden Lichtbogenschweißungen mit der titansauren Elektrode (Abb. 16). Dagegen vermitteln die Abbildungen 17 und 18 einen guten Eindruck von der Möglichkeit der Autogen- und Lichtbogenschweißung aller Werkstoffe bei Verwendung von Gußeisenstäben bzw. der kalkbasischen Elektrode. Die Blasenbildung besonders bei Werkstoff V, und geringer auch bei VII, ist erkennbar.

2. Gefügeuntersuchungen

a) Werkstoff I

Beim Verschweißen von Werkstoff I in 9 und 12 mm Wanddicke ohne Wärmevor- und -nachbehandlung fällt in der Wärmeeinflußzone des Kerns infolge der mehr oder weniger schnellen Abkühlung ein Härtungsgefüge martensitischer bis sorbitischer Struktur an, das bei der Lichtbogenschweißung ausgeprägter ist als

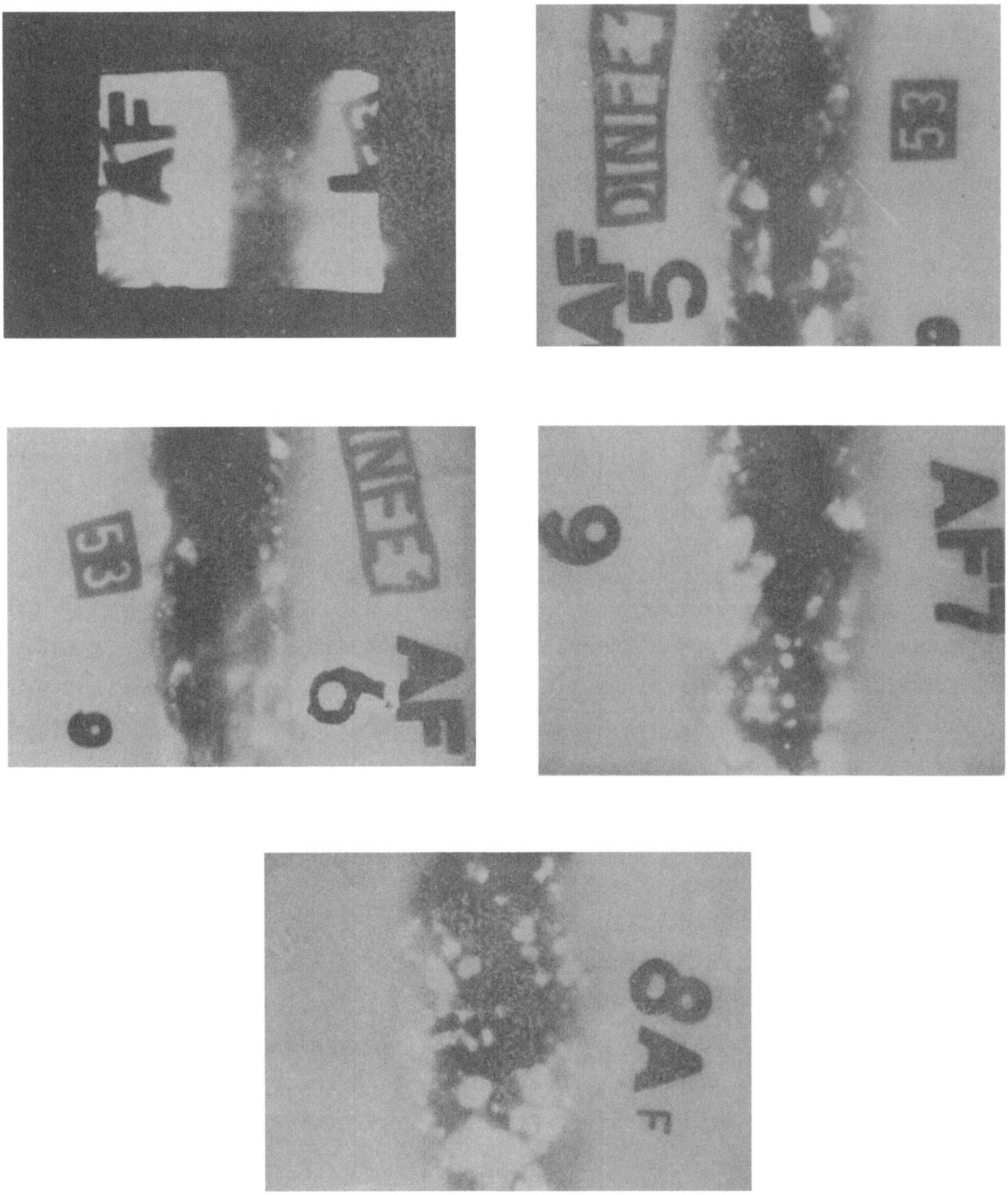

A b b i l d u n g 15

Röntgenbilder von 6 mm Autogen-Schweißnähten an den Werkstoffen I, II, III, V, VII, (v.l.n.r.) geschweißt mit G.37-Draht

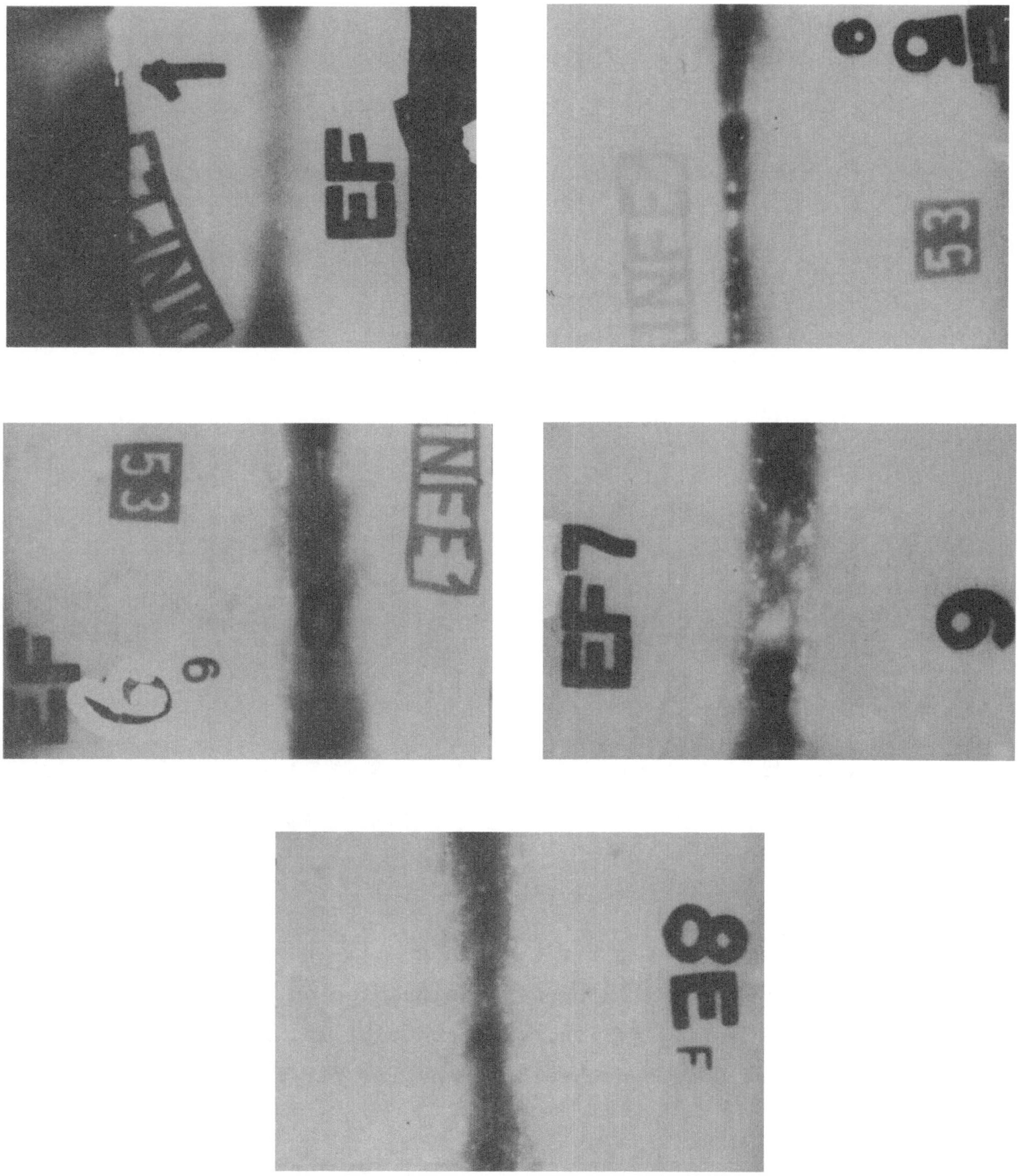

A b b i l d u n g 16

Röntgenbilder von 9 mm Lichtbogen-Schweißnähten an den Werkstoffen I, II, III, V, VII, (v.l.n.r.) geschweißt mit titansauren Elektroden

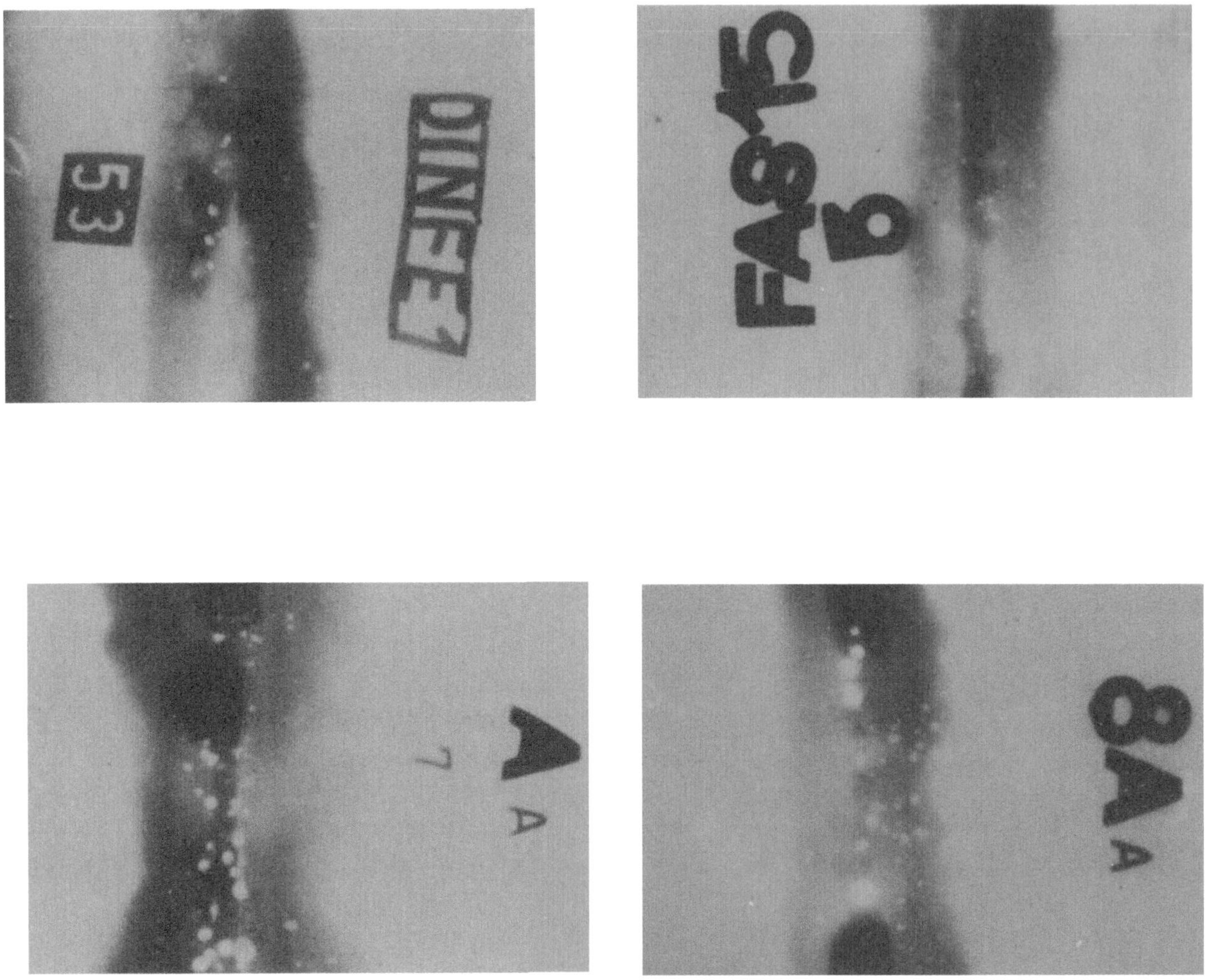

A b b i l d u n g 17

Röntgenbilder von 9 mm Autogen-Schweißnähten an den Werkstoffen I, II, VI, VII, (v.l.n.r.) geschweißt mit G.37 (I) und Gußeisenschweißstäben (II, VI, VII)

bei der Autogenschweißung (Abb. 19 bis 21a). Werden die Proben jedoch wie beschrieben vorgewärmt und nach dem Schweißen langsam abgekühlt, so wird ein mehr oder weniger feinkörniger Perlit oder nur geringe Troostitbildung beobachtet, die naturgemäß auch weniger hohe Härtewerte aufweist. Die rein ferritischen 6 mm-Proben ergeben eine metallographisch einwandfreie Schweißnaht, aber von 9 mm aufwärts ist bei Werkstoff I mit einer Glühbehandlung nach Tabelle 1a nur ein teilweiser Erfolg zu erzielen, wenn keine besondere Wärmebehandlung beim Schweißen angewendet wird. Es

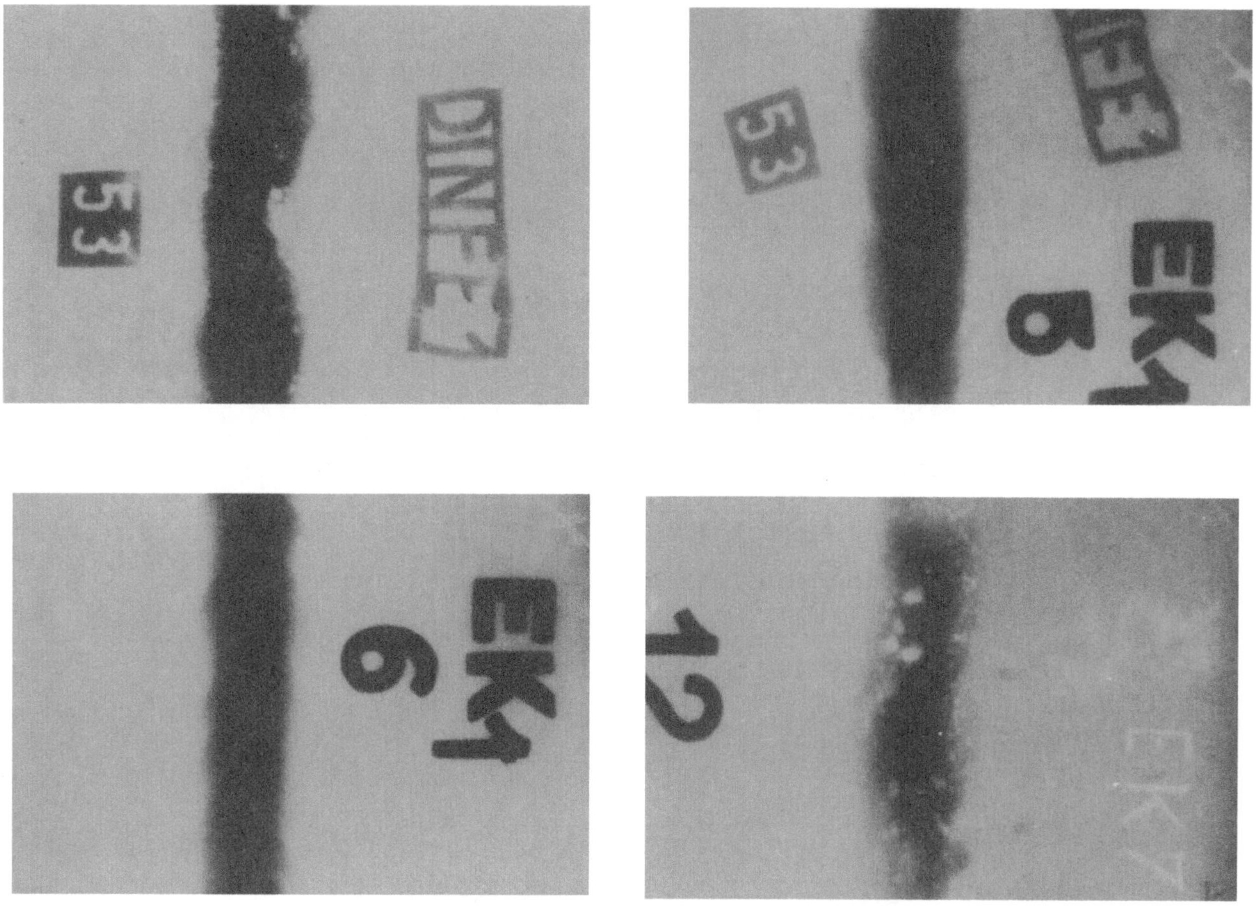

A b b i l d u n g 18

Röntgenbilder von 9 mm Lichtbogen-Schweißnähten an den Werkstoffen I, II, III, V, (v.l.n.r.) geschweißt mit Ti-saurer El. (I) und Kb.-El. (II, III, V)

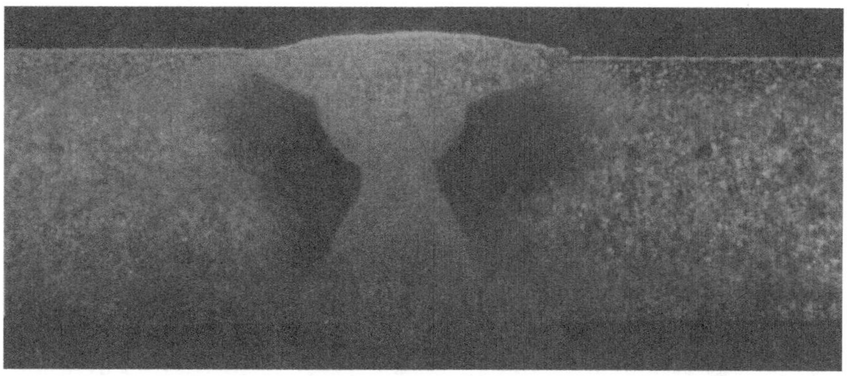

3 x nat. Größe geätzt

A b b i l d u n g 19

Übersichtsaufnahme einer 12 mm Lichtbogen-Schweißung von I

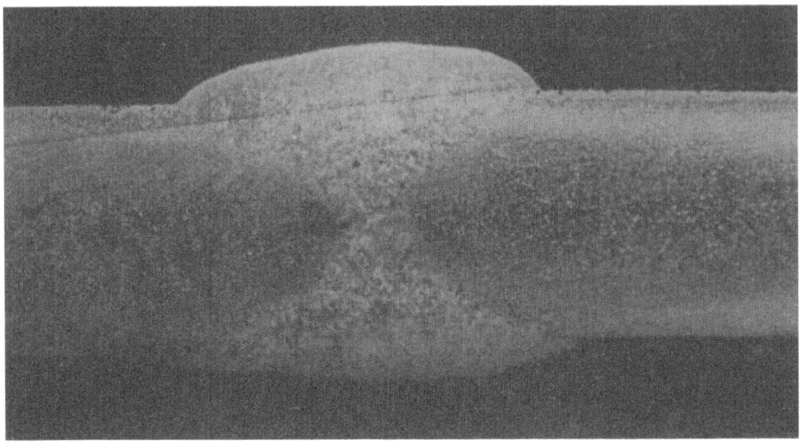

3 x nat. Größe geätzt

A b b i l d u n g 20
Übersichtsaufnahme einer 12 mm Autogen-Schweißung an I

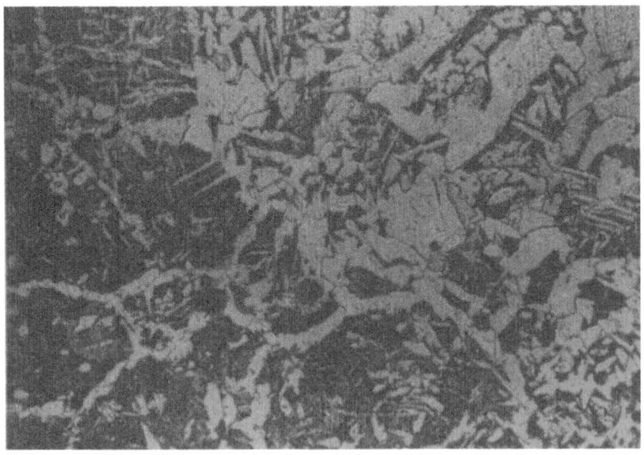

160 x geätzt

A b b i l d u n g 21
Gefüge der Übergangszone einer 12 mm-Autogenschweißung an I

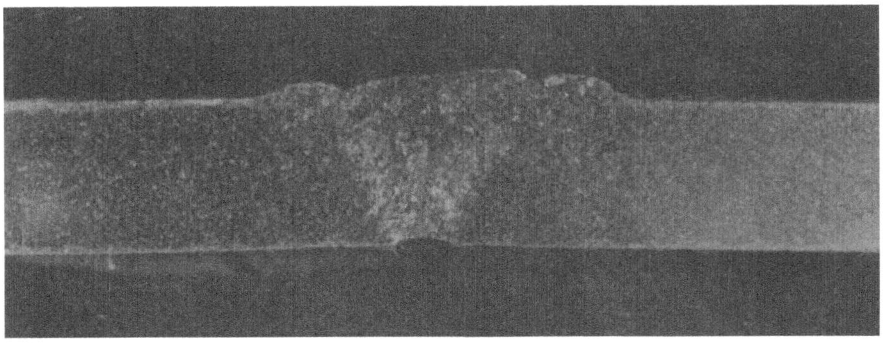

3 x nat. Größe geätzt

A b b i l d u n g 21 a
Übersichtsaufnahme einer 6 mm Autogen-Schweißung an I

wird daher empfohlen, diesen Werkstoff nur bis zu 7 mm Wanddicke ohne Vorwärmung und ohne langsame Abkühlung zu verschweißen. Ab 8 mm ist vorzuwärmen und nach dem Schweißen langsam abzukühlen, damit möglichst eine vollständige Perlitisierung und damit geringe Härtewerte gewährleistet sind.

An widerstandgeschweißten Proben des Werkstoffes I treten bei 6 mm keine Besonderheiten auf. Bei größeren Wanddicken werden Gefüge beobachtet, wie sie von der Autogen- und Lichtbogenschweißung her bekannt sind mit dem Unterschied, daß die Wärmeeinflußzone wesentlich schmaler ist als bei den ersten beiden Verfahren. Auch hier empfiehlt sich bei 9 und 12 mm eine kurze Nachwärmung durch einen Stromstoß von etwa 3 sek. Zeitdauer und langsame Abkühlung. Die in den Abbildungen 22 und 23 wiedergegebenen Gefügebilder wurden bei 12 mm dicken Proben erhalten. Abbildung 22 zeigt übrigens, daß die Naht infolge Ausbrennens von Kohle fast rein ferritisch ist, während vom Perlit in der Wärmeeinflußzone (Abb. 23) große Mengen in Lösung gehen und Zementitausscheidung herbeiführen.

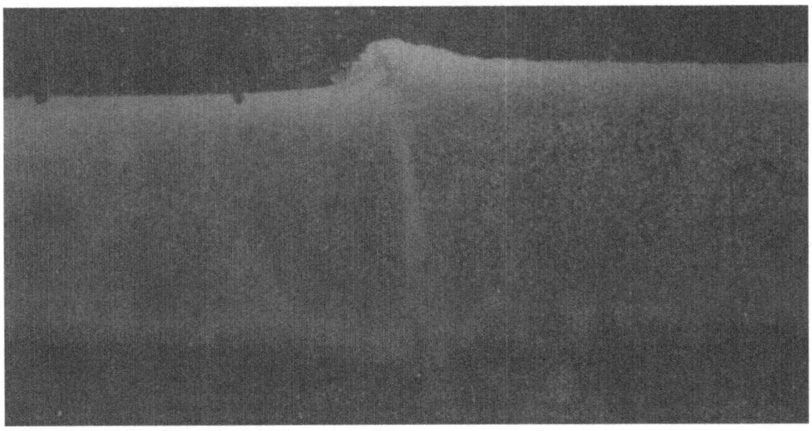

3 x nat. Größe geätzt

A b b i l d u n g 22

Übersichtsaufnahme einer 12 mm Widerstandschweißung an I

Die einwandfreie Verschweißbarkeit von Werkstoff I mit Stahl zeigt in einem Beispiel die Abbildung 24, die den Übergang vom Grundwerkstoff zur Naht wiedergibt.

Abbildung 25 zeigt in einer Übersichtsaufnahme das Bild einer 12 mm dicken Probe des Werkstoffes I, die nach dem MIT - Schweißverfahren hergestellt

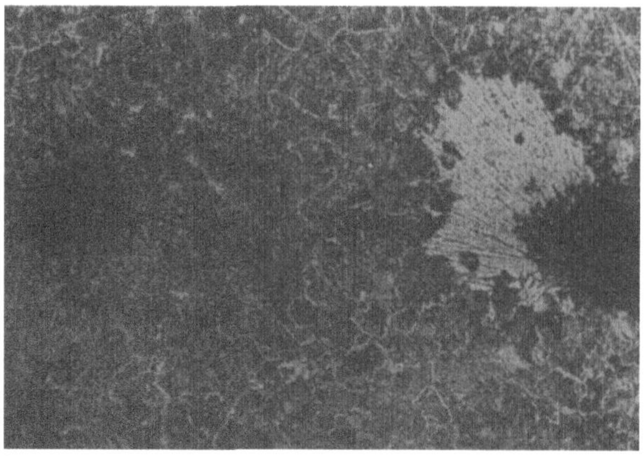

160 x geätzt

A b b i l d u n g 23
Gefüge der Übergangszone einer 12 mm Widerstandschweißung an I

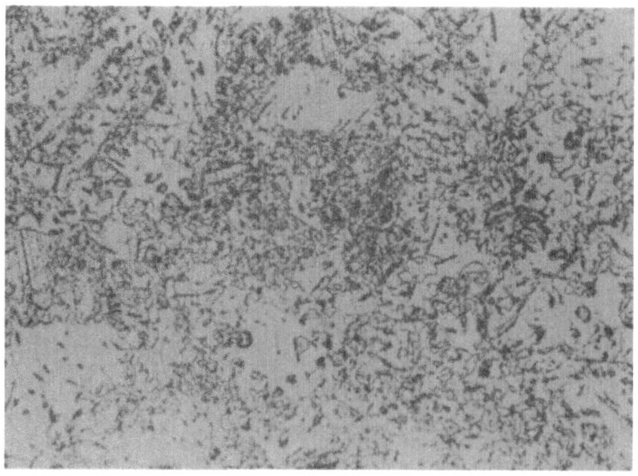

160 x geätzt

A b b i l d u n g 24
Gefüge der Übergangszone einer 12 mm Lichtbogen-Schweißung an I/IV

wurde. Es zeigt die Möglichkeit des Einsatzes auch dieses Schutzgasverfahrens bei diesem Werkstoff; die Naht ist fast porenfrei.

Wie bereits erwähnt, waren von Werkstoff I auch Rohre angeliefert worden. Ihre festgestellte einwandfreie Verschweißung mit allen untersuchten Schweißverfahren untereinander, aber auch mit Stahl, zeigen in überzeugender Weise die Abbildung 26 bis 28. In den Gefügen treten, da es sich um Wanddicken von nur etwa 4 mm handelt, keine Besonderheiten auf. Auf die Wiedergabe von Gefügebildern wird daher hier verzichtet.

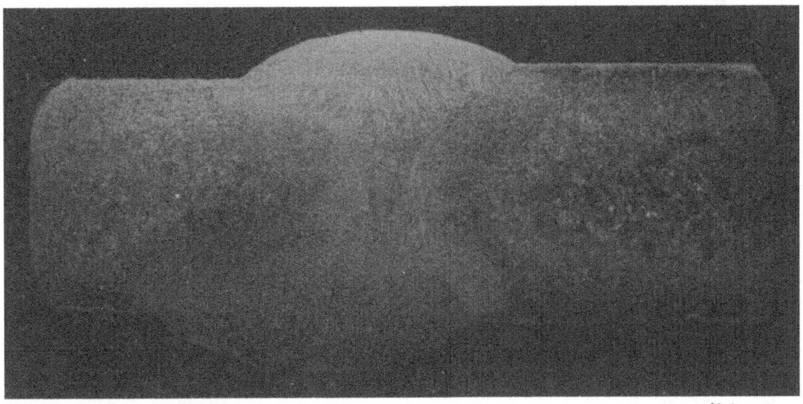

3 x nat. Größe geätzt

Abbildung 25

Übersichtsaufnahme einer 12 mm MIT - Schweißung an I

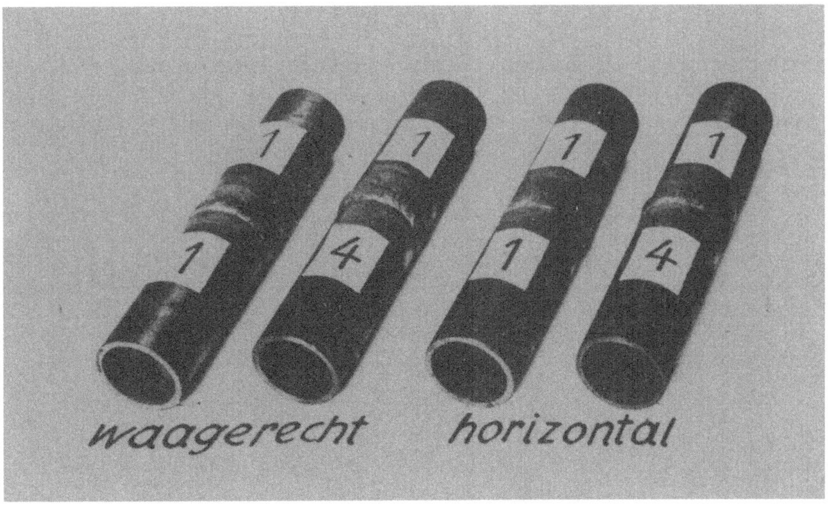

etwa 1/4 nat. Größe

Abbildung 26

Ansicht von waagerecht bzw. horizont. a. senkrechter Wand autogen geschweißten Rohren aus I bzw. I/IV

b) Werkstoff II

Die Verschweißung dieser schwarzen Temperguß-Qualität gelingt autogen und elektrisch einwandfrei. Das infolge des hohen Temperkohlegehaltes dieses Werkstoffes nach der Abkühlung der Schweißung in der Wärmeeinflußzone anfallende Härtungsgefüge zeigt in der Übersicht Abbildung 29 und im Mikrobild, Abbildung 30, festgestellt an einer 6 mm-Probe. Es versteht sich von selbst, daß eine derartige an sich einwandfreie Schweißnaht zu spröde

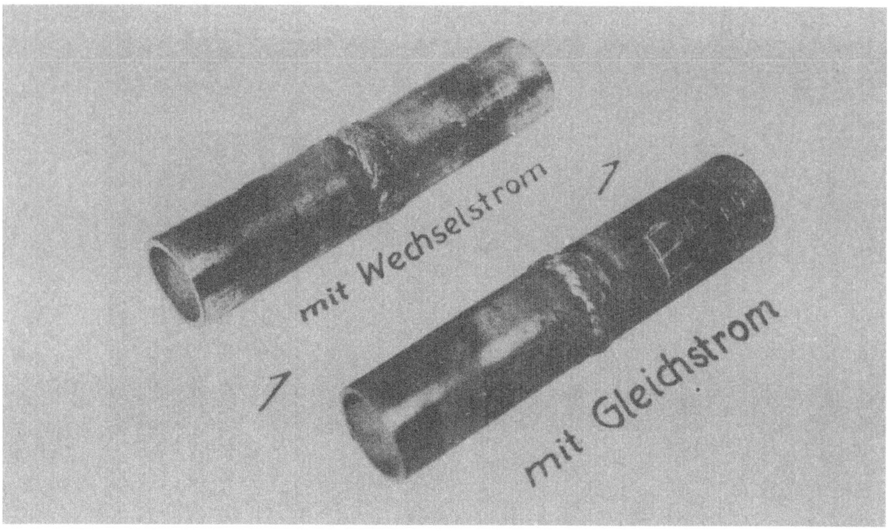

etwa 1/4 nat. Größe

A b b i l d u n g 27
Ansicht von lichtbogengeschweißten Rohren aus I

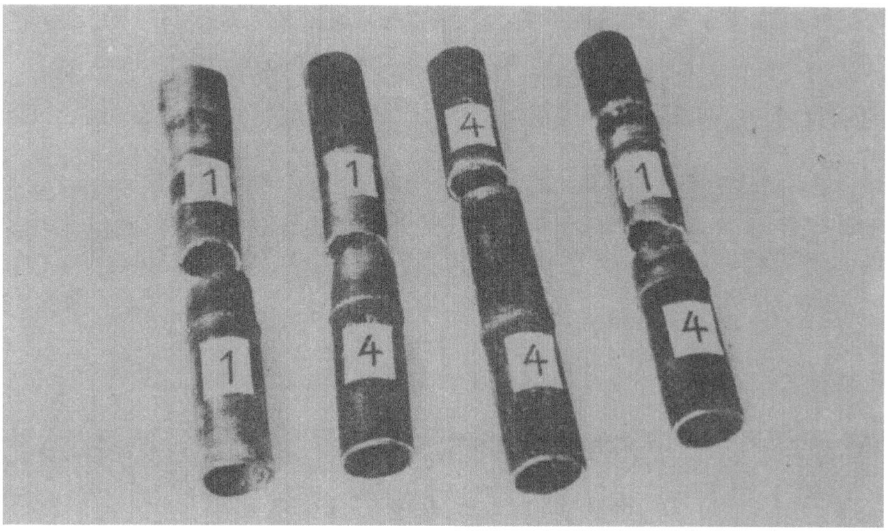

etwa 1/4 nat. Größe

A b b i l d u n g 28
Ansicht zerrissener widerstandgeschweißter Rohre aus I bzw. I/IV

sein muß, um als Konstruktionselement eingesetzt werden zu können. Für die Verschweißung mit Stahl, die an sich ebenfalls gut durchführbar ist, gilt aber das gleiche.

Die Widerstandschweißung kann bei diesen Werkstoffen ebenfalls eingesetzt werden; aber auch hier treten naturgemäß die obigen technologischen Mängel auf, die nur durch Nachwärmen nach dem Schweißen und sehr

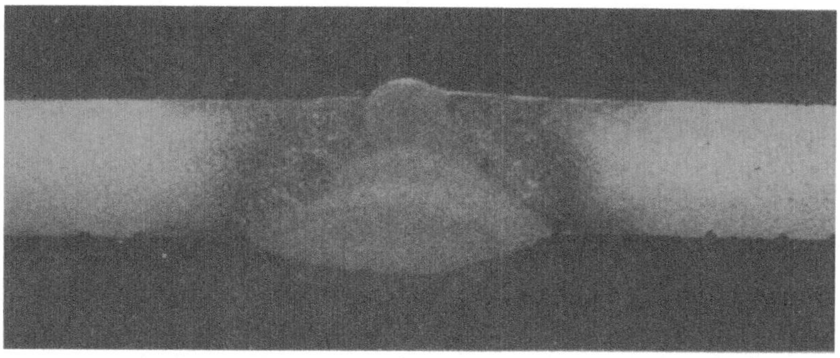

3 x nat. Größe geätzt

A b b i l d u n g 29

Übersichtsaufnahme einer 6 mm Autogenschweißnaht an II

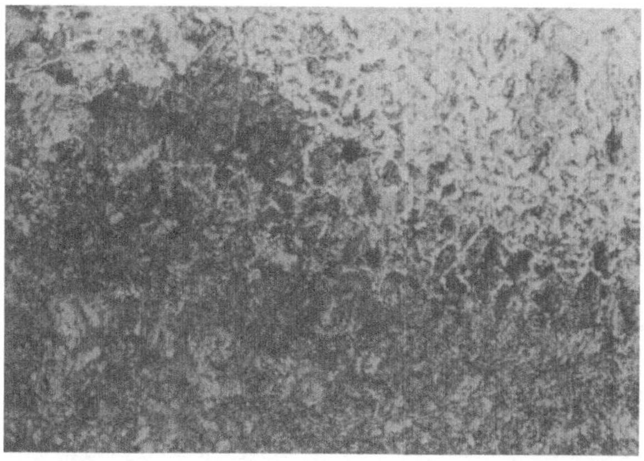

160 x geätzt

A b b i l d u n g 30

Gefüge der Übergangszonen einer 6 mm Autogenschweißnaht an II

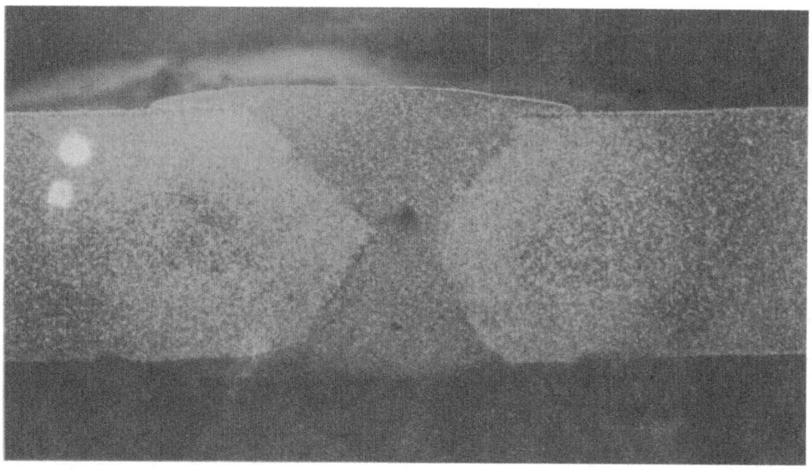

3 x nat. Größe geätzt

A b b i l d u n g 31

Übersichtsaufnahme einer 12 mm Lichtbogenschweißnaht an III

langsames und damit betrieblich untragbares Abkühlen beseitigt werden können.

c) Werkstoff III

Der perlitische schwarze Temperguß mit hoher Festigkeit und Dehnung ergibt nach dem Schweißen Gefügebilder, wie sie in den Abbildungen 31 und 32 mit dem Lichtbogen und Abbildung 33 bei einer autogen geschweißten Naht beobachtet wurden. Wie bei Werkstoff II werden auch hier Aufhärtungen festgestellt, die nur durch Vorwärmung und langsame Abkühlung vermieden werden können. Die Verschweißung mit Stahl läßt sich auch bei Werkstoff III gut durchführen, wie die Abbildungen 34 und 35 an einer Widerstandschweißung erkennen lassen, obgleich die Gefügeübergänge naturgemäß schroff sind.

160 x geätzt

A b b i l d u n g 32

Gefüge der Übergangszone einer 12 mm Lichtbogen-Schweißnaht an III

d) Werkstoffe V und VI

In den Abbildungen 36 und 37 sind die Gefügebilder von autogen geschweißten 12 mm dicken Proben des Werkstoffes V wiedergegeben. Dabei zeigt Abbildung 36 das Gefüge einer mit normalem Stahldrat hergestellten Schweißung, während in Abbildung 37 eine mit Amanit hergestellte Schweißung wiedergegeben ist. Die bereits beim Autogenschweißen beobachtete starke Blasenbildung ist deutlich zu erkennen. Die bei Werkstoff V in Ferrtinseln ausgeschiedene Temperkohle neigt offenbar sehr stark zur Vergasung. Temperkohlereste an den Rändern der Blasen weisen auf diesen Umstand hin (Abb.36).

160 x geätzt

A b b i l d u n g 33

Gefüge einer 6 mm Autogen-Schweißnaht (Amanit) an III

3 x nat. Größe geätzt

A b b i l d u n g 34

Übersichtsaufnahme einer 9 mm Widerstandschweißnaht an III/IV

160 x geätzt

A b b i l d u n g 35

Gefüge der Übergangszonen einer 9 mm Widerstandschweißnaht an III/IV

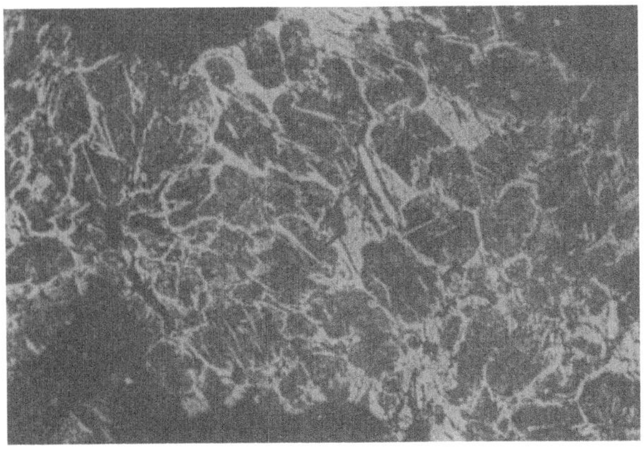

160 x geätzt

A b b i l d u n g 36
Gefüge der Übergangszone einer
12 mm Autogenschweißnaht an V

160 x geätzt

A b b i l d u n g 37
Gefüge der Übergangszone einer
12 mm Autogenschweißnaht an V
geschweißt mit Amanit

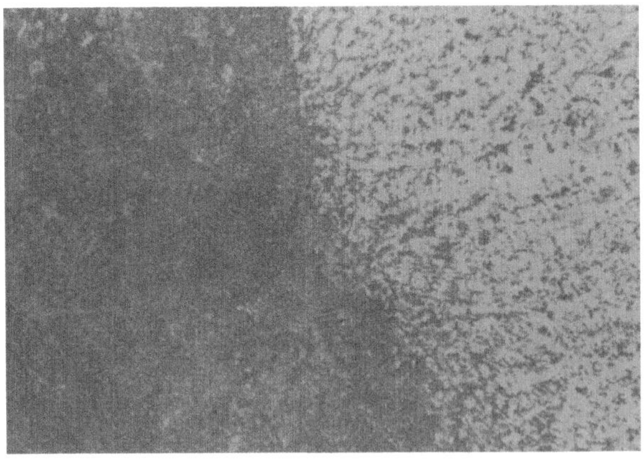

160 x geätzt

A b b i l d u n g 38
Gefüge der Übergangszone einer 9 mm Autogenschweißnaht an VI
geschweißt mit G.37

Die Blasen treten offenbar bei der Autogenschweißung wegen der längeren Wärmeeinwirkung besonders stark auf. Bei der Widerstandschweißung dieses Werkstoffes sind als Folge einer wesentlich geringeren Gasbildung nur verhältnismäßig wenig Mikrolunker feststellbar.

e) Werkstoff VII

Bei diesem Werkstoff wurde ebenfalls noch eine geringe Blasenbildung festgestellt. Sie kann jedoch als erträglich bezeichnet werden, wie es die Gefügebilder Abbildungen 39 und 40 einer lichtbogengeschweißten Naht zeigen

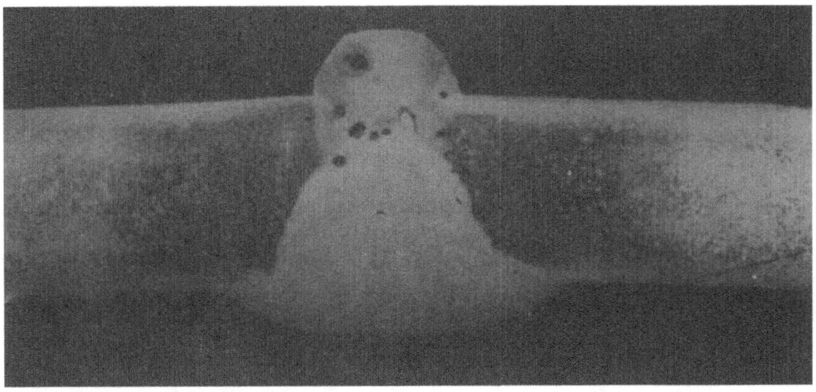

3 x nat. Größe geätzt

A b b i l d u n g 39

Übersichtsaufnahme einer 9 mm Autogenschweißnaht an VII

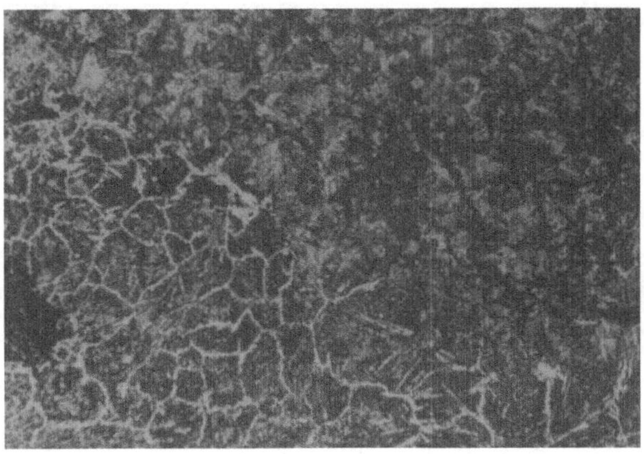

160 x geätzt

A b b i l d u n g 40

Gefüge der Übergangszone einer 9 mm Autogenschweißnaht an VII

geschweißt mit Amanit

und wie insbesondere die Festigkeitswerte noch näher erkennen lassen werden. Naturgemäß treten auch bei diesem Werkstoff Aufhärtungen auf, die nur bei geringen Wanddicken infolge des niedrigen Temperkohlegehaltes des Kerns erträglich sind. Durch Vorwärmung und langsame Abkühlung lassen sich auch große Wanddicken schweißtechnisch beherrschen.

VI. Technologische Untersuchungen

1. Rollhärte

Die mit dem Rollhärteprüfer nach HAUTTMANN durchgeführten Härteuntersuchungen führen, wie Abbildung 41 zeigt, auf der Probe zu Gleitbahnen, aus deren mikroskopisch bei 100-facher Vergrößerung vermessener Breite sich mit Hilfe einer Eichkurve die Härte ermitteln läßt. Die Abbildungen 42 bis 49 zeigen in einer Auswahl die Härtekurven einiger Werkstoffe, wobei besonders auffällig der Einfluß des Schweißverfahrens zu erkennen ist. So ergibt die Autogenschweißung weichere Übergänge von Schweißnaht zu Grundwerkstoff und gleichzeitig etwas geringere Härtewerte als die Lichtbogenschweißung. Bei der MIT - Schweißung macht sich die hohe Schweißgeschwindigkeit durch besonders scharfe Härteübergänge bemerkbar. Bei der konstruktiven Verwendung der Schweißung als Verbindungselement zwischen Stahl und Temperguß ist darauf zu achten, daß der Angriff der Betriebsbelastungen so gewählt wird, daß sich ein möglichst günstiger Spannungsverlauf ergibt.

3 x nat. Größe geätzt

A b b i l d u n g 41

Rollhärtebahnen einer 9 mm Autogenschweißnaht an I

Zu den Härtekurven ist noch zu bemerken, daß bei Werkstoff I mehrere Kurven quer zur Naht aufgenommen wurden, während bei den anderen Werkstoffen jeweils nur eine Kurve notwendig war. Bei Werkstoff I liegt das Maximum der Härte stets in der Mitte der Wand, wo mit zunehmender Wanddicke Perlit ausgeschieden ist. Bei Werkstoff I liegt das Härtemaximum stets in der Mitte der Platte, da dort bevorzugt Perlit ausgeschieden wird. Bei weißem Temperguß ist die Härte in der Randzone ebenfalls geringer. Bei schwarzem Temperguß wurden die höchsten Härtewerte dagegen in fast beliebigen Querschnitten gefunden.

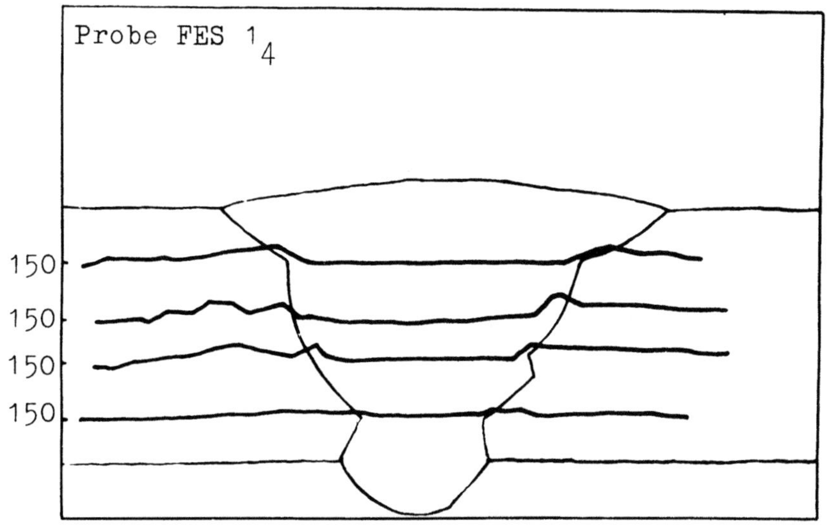

A b b i l d u n g 42

Rollhärtekurven einer 9 mm Lichtbogen-Schweißnaht an I, Probe GES 1_4

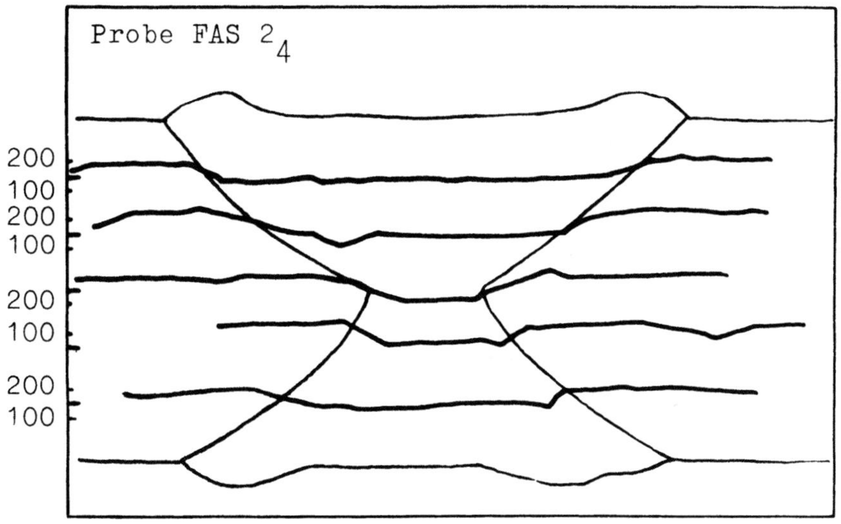

A b b i l d u n g 43

Rollhärtekurven einer 12 mm Autogenschweißnaht an I, Probe FAS 2_4

Es genügt daher bei diesen die Aufnahme nur einer einzigen Kurve, um den gefährlichen Härteanstieg zu belegen.

2. Zerreißfestigkeit

Zerreißversuche wurden an Proben nach DIN 50120 durchgeführt. Ihre Ergebnisse sind in den Tabellen 4 bis 37 zusammengestellt.

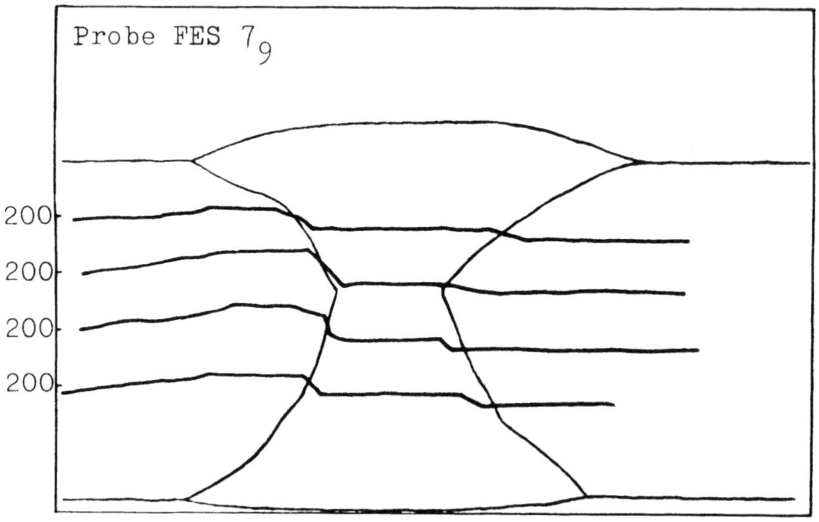

A b b i l d u n g 44
Rollhärtekurven einer 12 mm Lichtbogenschweißnaht an I/IV, Probe FES 7_9

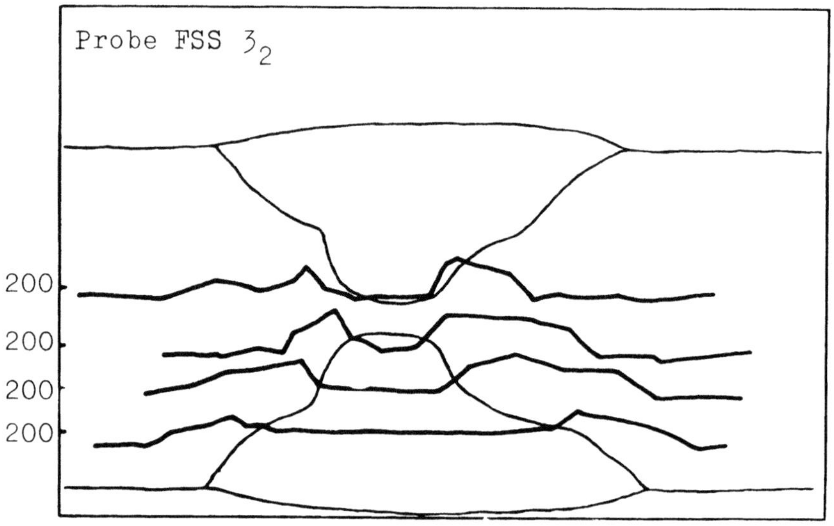

A b b i l d u n g 45
Rollhärtekurven einer 12 mm SIGMA-Schweißnaht an I, Probe FSS 3_2

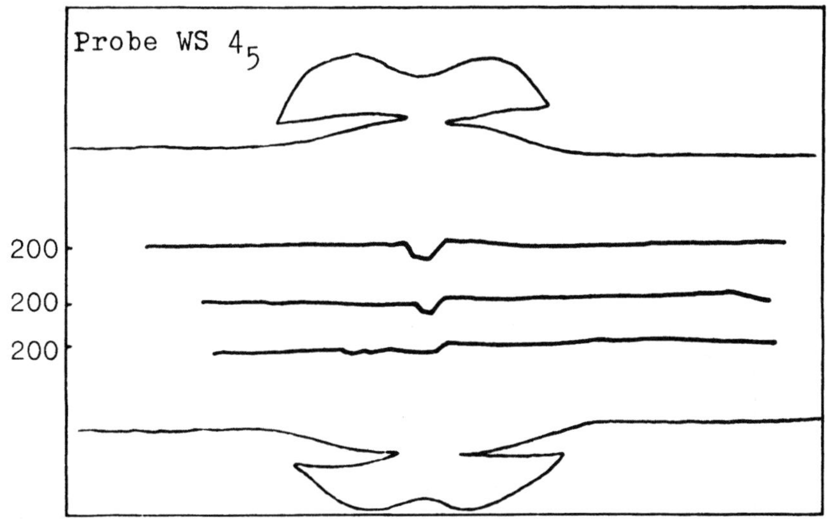

A b b i l d u n g 46

Rollhärtekurven einer 9 mm Widerstand-Schweißnaht an I, Probe WS 4_5

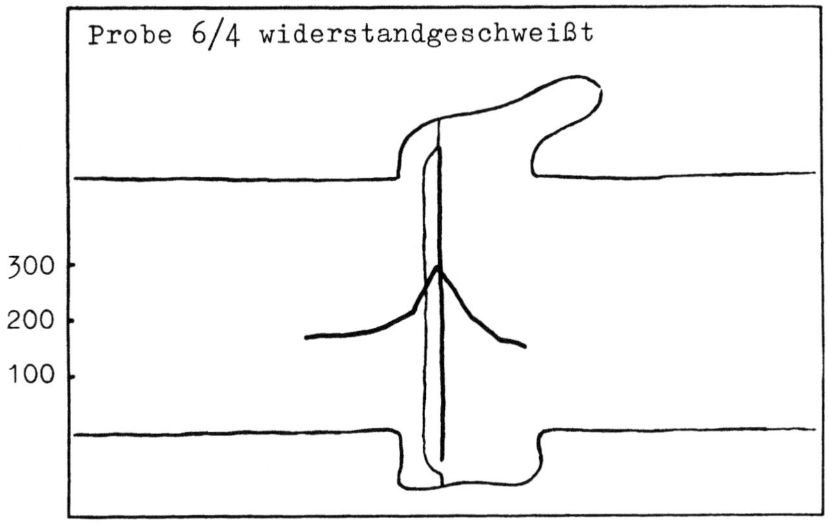

A b b i l d u n g 47

Rollhärtekurve einer 9 mm Widerstand-Schweißnaht an III/IV,
Probe 6/4 widerstandgeschweißt

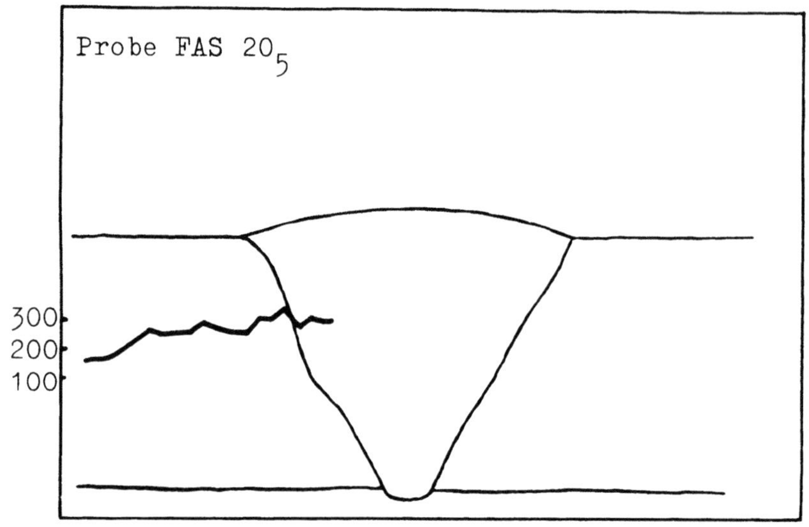

A b b i l d u n g   48
Rollhärtekurve einer 9 mm Autogenschweißnaht an VII/VII,
Probe FAS 20_5

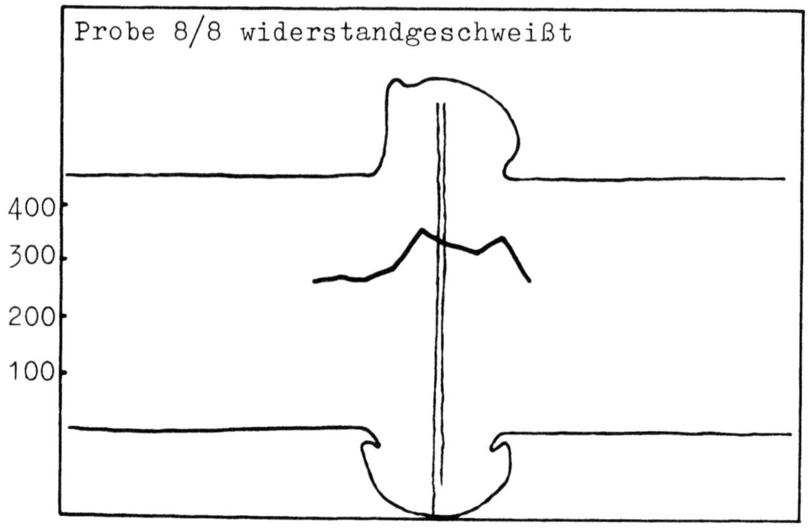

A b b i l d u n g   49
Rollhärtekurve einer 9 mm Widerstandschweißnaht an VII/VII,
Probe 8/8 widerstandgeschweißt

T a b e l l e 4

Festigkeitswerte von autogen geschweißten Proben aus I/I

Bezchg. der Proben und Werkstoffe	Stab Nr.	Abmessung a mm	l mm	F_2 mm	P kg	σ_B kg/mm^2	Bemerkungen
FAS 2 I/I	1	6,2	15,0	93	3550	38,2	Schweiße
	2	7,0	15,0	105	4650	44,3	"
	3	6,0	15,0	90	4000	44,5	Stab
FAS 2 I/I	4	10,0	15,0	150	6900	46,0	Schweiße
	5	9,0	15,0	135	5350	39,6	"
	6	8,9	15,0	133	6200	46,6	"
FAS 2 I/I	7	12,0	20,1	242	7600	31,4	"
	8	12,5	20,0	250	8950	35,8	"
	9	13,4	20,1	270	9850	36,5	"

T a b e l l e 5

Festigkeitswerte von Lichtbogen geschweißten Proben aus I/I

Bezchg. der Proben und Werkstoffe	Stab Nr.	Abmessung a mm	l mm	F_2 mm	P kg	σ_B kg/mm^2	Bemerkungen
FES 1 I/I	1	6,3	15,0	94,5	3650	38,6	Stab
	2	6,4	14,8	94,6	3800	40,2	"
	3	6,3	15,0	94,5	3400	36,0	"
FES 1 I/I	4	9,8	15,0	147	7000	47,6	"
	5	9,9	15,0	149	7050	47,3	"
	6	9,5	15,0	143	6900	48,2	"
FES 1 I/I	7	12,0	20,0	240	12000	50,0	" "
	8	12,9	20,0	258	11400	44,2	Schweiße
	9	12,0	20,0	240	9350	39,0	"

T a b e l l e 6

Festigkeitswerte von WIT-geschweißten Proben aus I/I

Bezchg. der Proben und Werkstoffe	Stab Nr.	Abmessung a mm	l mm	F_2 mm	P kg	σ_B kg/mm^2	Bemerkungen
LSAS 5 I/I	1	6,5	15,0	97,5	4050	41,6	Bruch im Grundwerkst.
	2	6,2	15,0	93,0	3900	41,9	" " " "
	3	6,3	15,0	94,5	4200	44,5	" " " "

T a b e l l e 7

Festigkeitswerte von MIT-geschweißten Proben aus I/I

Bezchg. der Proben und Werkstoffe	Stab Nr.	A b m e s s u n g				σ_B	Bemerkungen
		a mm	l mm	F_2 mm^2	P kg	kg/mm^2	
FSS 3 I/I	1	6,3	21,9	138	4950	35,9	Stab
	2	6,4	14,9	95	4100	43,2	"
	3	6,0	15,0	90	3400	37,8	"
FSS 3 I/I	4	10,1	15,0	152	1700	50,6	Schweiße
	5	8,5	21,0	178	6750	38,0	Stab
	6	9,0	15,0	135	6200	46,0	"
FSS 3 I/I	7	12,2	29,6	358	14700	41,1	Stab
	8	12,6	20,0	252	9600	38,1	Schweiße
	9	12,2	20,0	244	8100	33,2	"

T a b e l l e 8

Festigkeitswerte von widerstandgeschweißten Proben aus I/I

Bezchg. der Proben und Werkstoffe	Stab Nr.	A b m e s s u n g				σ_B	Bemerkungen
		a mm	l mm	F_2 mm^2	P kg	kg/mm^2	
WS 4 I/I	1	6,2	15,0	93	4100	44,1	Bruch im Grundwerkst.
	2	6,0	15,0	90	3200	35,6	" " "
	3	6,0	15,0	90	3600	40,0	" " "
WS 4 I/I	4	9,0	15,0	135	6700	49,6	" " "
	5	9,5	15,0	142	8750	61,7	
	6	9,5	15,0	142	8350	58,8	
WS 4 I/I	7	12,3	20,0	246	16650	67,7	" " "
	8	11,7	20,0	234	12900	55,1	" " "
	9	11,9	20,0	238	14450	60,7	" " "

Tabelle 9

Festigkeitswerte von autogen-geschweißten Proben aus I/IV

Bezchg. der Proben und Werkstoffe	Stab Nr.	Abmessung				σ_B	Bemerkungen
		a mm	l mm	F_2 mm²	P kg	kg/mm²	
FAS 6 I/IV	1	6,2	15,0	93,0	3250	35,0	Bruch in d.Schweiße
	2	6,3	15,0	94,5	3550	37,6	" "
	3	6,2	15,0	93,0	2950	31,7	Grundwerkst.
FAS 6 I/IV	4	10,3	15,2	156,6	6150	39,3	Schweiße
	5	10,1	15,0	151,5	5950	39,3	"
	6	10,2	15,0	153,0	6100	39,9	Übergang
FAS 6 I/IV	7	12,2	20,0	244	8350	34,2	Schweiße
	8	12,8	20,0	256	8200	32,0	Übergang
	9	12,6	20,0	252	8700	34,6	Schweiße

Tabelle 10

Festigkeitswerte von Lichtbogen-geschweißten Proben aus I/IV

Bezchg. der Proben und Werkstoffe	Stab Nr.	Abmessung				σ_B	Bemerkungen
		a mm	l mm	F_2 mm²	P kg	kg/mm²	
FES 7 I/IV	1	6,0	15,0	90	3650	40,6	Bruch im Grundwerkst.
	2	6,4	15,0	96	4150	43,3	"
	3	6,0	15,0	90	3400	37,8	"
FES 7 I/IV	4	9,5	15,0	142	6600	46,5	"
	5	9,0	15,0	135	6000	44,5	"
	6	10,0	15,0	150	6750	45,0	"
FES 7 I/IV	7	12,0	20,0	240	9600	40,0	Übergang
	8	12,3	20,0	246	10250	41,7	Grundwerkst.
	9	12,0	20,0	240	10600	44,2	Schweiße

T a b e l l e 11

Festigkeitswerte von widerstand-geschweißten Proben aus I/IV

Bezchg. der Proben und Werkstoffe	Stab Nr.	Abmessung a mm	l mm	F_2 mm	P kg	σ_B kg/mm²	Bemerkungen
WS8 I/IV	1	6,3	15,0	94,5	4100	43,4	Bruch im Grundwerkst.
	2	6,0	15,0	90,0	3450	38,4	" " "
	3	6,1	15,0	91,5	3650	40,0	" " "
WS8 I/IV	4	9,0	14,8	133	5750	43,3	" " "
	5	9,5	15,0	142	6150	43,4	" " "
	6	9,2	15,0	138	5950	43,1	" " "
WS8 I/IV	7	12,1	20,0	242	10400	43,0	" " "
	8	12,2	20,0	244	12300	50,4	" " "
	9	12,3	20,0	246	10500	42,7	" " "

T a b e l l e 12

Festigkeitswerte von autogen-geschweißten Tempergußrohren aus I/I, I/IV

Proben Bezchg.	Abmessung mmØ	F	P kg	σ_B kg/mm²	Bemerkungen
I/I	42,8/3,6	443	9900	22,3	Anriß Rohr 1 20 mm neben d.Naht
I/IV	42,8/3,6	443	12400	28,0	Anriß Rohr 1 20mm neben d.Naht

T a b e l l e 13

Festigkeitswerte von widerstand-geschweißten Tempergußrohren aus I/I, I/IV, IV/IV

Proben-Bezchg.		Abmessung mmØ	F	P kg	σ_B kg/mm²	Bemerkungen
I/I	1	42,0/3,6	423	11700	27,7	Bruch im Rohr 1
I/IV	2	42,6/3,8	463	11800	25,5	" " " "
IV/IV	3	42,5/3,3	407	16000	39,4	Schweiße
I/I	4	42,3/3,0	371	12500	34,0	Bruch im Rohr 1
IV/IV	5	42,5/3,3	407	9100	22,4	Schweiße

Tabelle 14

Festigkeitswerte von autogen-geschweißten Proben aus II/II

Bezchg.der Proben und Werkstoffe	Stab Nr.	Abmessung				σ_B	Bemerkungen
		a mm	l mm	F_2 mm^2	P kg	kg/mm^2	
FAS 14 II/II	1	6,0	15,0	90	1500	16,7	Schweiße
	1	5,8	14,8	86	1900	22,1	"
	3	5,7	15,0	85,5	1500	17,6	"
FAS 14 II/II	4	10,0	15,0	150	3500	23,4	"
	6	9,1	15,0	136	2400	17,7	"
FAS 14 II/II	7	12,7	20,0	254	2200	8,7	"
	7	12,5	20,0	250	5100	20,4	"
	8	12,3	20,0	246	3100	12,6	"
	9	12,3	20,0	246	2700	11,0	"

Tabelle 15

Festigkeitswerte von lichtbogen-geschweißten Proben aus II/II

Bezchg.der Proben und Werkstoffe	Stab Nr.	Abmessung				σ_B	Bemerkungen
		a mm	l mm	F_2 mm^2	P kg	kg/mm^2	
FES 10 II/II	1	5,7	14,8	84,4	2600	30,8	Schweiße
	1	5,8	14,9	86,5	1400	16,2	Übergang
	2	6,0	15,1	90,5	2400	26,6	Stab
	2	6,5	14,6	95,0	3200	33,7	Schweiße
	3	6,1	15,0	91,5	3550	38,8	Übergang
	3	5,5	14,9	82,0	2800	34,2	Schweiße
FES 10 II/II	4	9,4	15,0	141	3600	25,5	Übergang
	4	9,3	15,0	139	1300	9,3	"
	5	9,0	15,0	135	3200	23,7	"
	5	9,3	15,0	139	800	5,7	"
	6	9,3	15,0	139	2550	18,9	"
FES 10 II/II	7	12,4	20,2	250	6000	24,0	Übergang
	7	12,2	20,1	246	4200	17,1	"
	8	12,5	20,0	250	6250	25,0	"
	9	12,3	20,1	248	7600	30,6	Schweiße
	9	12,2	20,0	244	7250	29,7	"

Tabelle 16

Festigkeitswerte von widerstand-geschweißten Proben aus II/II

Bezchg. der Proben und Werkstoffe	Stab Nr.	Abmessung a mm	l mm	F_2 mm^2	P kg	σ_B kg/mm^2	Bemerkungen
WS 24 II/II	1	6,0	15,0	90	3150	35,0	Stab
	2	5,7	15,0	85,5	3550	41,6	"
	3	5,8	15,0	87	3050	35,1	"
	4	5,8	15,0	87	3400	39,1	"
	5	5,8	15,0	87	2500	28,8	"
	6	5,5	15,0	82,5	2700	32,7	"
WS 24 II/II	7	9,6	14,8	142	6700	47,2	"
	8	9,5	14,8	141	7900	56,0	"
	9	9,6	15,0	144	7200	50,0	"
	10	9,7	15,0	145	8500	58,6	"
	11	10,0	15,0	150	5000	33,3	"
	12	--	--	--	--	--	
WS 24 II/II	13	12,5	20,0	250	10300	41,2	"
	14	12,3	19,8	243	10800	44,5	"
	15	12,0	19,9	239	12300	51,5	Übergang
	16	12,6	20,0	252	10700	42,4	"
	17	12,2	20,0	244	9400	38,5	"
	18	12,2	20,0	244	9900	40,6	"

Tabelle 17

Festigkeitswerte von autogen-geschweißten Proben aus II/IV

Bezchg. der Proben und Werkstoffe	Stab Nr.	Abmessung a mm	l mm	F_2 mm^2	P kg	σ_B kg/mm^2	Bemerkungen
FAS 16 II/IV	1	6,0	15,0	90	2000	22,2	Schweiße
	1	5,7	15,0	85,5	1500	17,6	"
	3	6,0	15,0	90	2100	23,4	"
FAS 16 II/IV	6	9,0	15,0	135	600	4,4	Übergang
FAS 16 II/IV	7	11,8	20,0	236	2400	10,2	Übergang
	8	12,0	20,0	240	3000	12,5	Schweiße
	8	12,0	20,0	240	2900	12,1	"
	9	11,7	20,0	234	2500	10,7	"
	9	12,0	20,0	240	3100	12,9	"

Tabelle 18

Festigkeitswerte von lichtbogen-geschweißten Proben aus II/IV

Bezchg. der Proben und Werkstoffe	Stab Nr.	Abmessung a mm	l mm	F mm²	P kg	σ_B kg/mm²	Bemerkungen
FES 12	1	6,0	14,8	89	3400	38,2	Übergang
II/IV	1	6,0	14,8	89	2300	25,9	"
	2	6,0	14,9	89,5	3650	40,8	"
	2	5,7	14,6	83	2550	30,7	"
FES 12	4	9,0	15,0	135	500	3,7	"
II/IV	4	9,0	15,0	135	3000	22,2	"
FES 12	7	12,1	20,0	242	2950	12,2	"
II/IV	7	12,3	20,0	246	2700	11,0	"
	8	12,1	20,0	241	4000	16,6	"
	9	12,1	20,0	242	6000	24,8	"
	9	12,0	20,0	240	2400	10,0	"

Tabelle 19

Festigkeitswerte von widerstand-geschweißten Proben aus II/IV

Bezchg. der Proben und Werkstoffe	Stab Nr.	Abmessung a mm	l mm	F mm²	P kg	σ_B kg/mm²	Bemerkungen
WS 25	1	6,0	15,0	90	600	6,9	Übergang
II/IV	2	6,0	15,0	90	3700	41,2	Stab
	3	6,0	15,0	90	3900	43,4	"
WS 25	7	10,4	15,0	156	3700	23,7	Übergang
II/IV	8	9,8	15,0	147	6350	43,2	Stab
	9	10,2	14,8	151	4000	26,5	Übergang
	10	10,2	15,0	153	5150	33,7	"
	11	10,0	14,8	148	4100	27,7	"
	12	10,2	15,0	153	3200	20,9	"
WS 25	13	12,2	19,9	243	7600	31,3	"
II/IV	14	12,3	20,0	246	7100	28,9	"
	15	12,3	19,8	244	8600	35,2	"
	16	12,0	19,8	238	6800	28,6	"
	17	12,1	20,0	242	6100	25,2	"
	18	12,3	20,0	246	3300	13,4	"

Tabelle 20

Festigkeitswerte von autogen-geschweißten Proben aus III/III

Bezchg. der Proben und Werkstoffe	Stab Nr.	Abmessung a mm	l mm	F_2 mm²	P kg	σ_B kg/mm²	Bemerkungen
FAS 15 III/III	1	5,8	15,0	87	1200	13,8	Schweiße
	3	5,5	15,0	82,5	600	7,3	Übergang
	3	5,5	15,1	83	1500	18,1	Schweiße
FAS 15 III/III	4	9,3	15,0	139	2500	18,0	"
	4	9,1	15,0	136	1500	11,0	"
FAS 15 III/III	7	12,7	20,0	254	3000	11,8	"
	7	12,5	20,0	250	2400	9,6	"
	8	12,3	20,0	246	2100	8,5	"
	8	12,6	20,0	252	900	3,6	"
	9	12,3	20,0	246	1300	5,3	Übergang
	9	12,8	20,0	256	1100	4,3	"

Tabelle 21

Festigkeitswerte von lichtbogen-geschweißten Proben aus III/III

Bezchg. der Proben und Werkstoffe	Stab Nr.	Abmessung a mm	l mm	F_2 mm²	P kg	σ_B kg/mm²	Bemerkungen
FES 11 III/III	1	5,8	15,0	87	1500	17,2	Übergang
	1	6,0	15,0	90	2400	26,7	"
	2	6,1	14,8	90	2000	22,2	"
	3	6,0	15,0	90	2100	23,4	"
FES 11 III/III	7	12,1	20,0	242	2900	12,0	"
	7	12,0	20,0	240	2950	12,3	"
	8	12,0	20,0	240	4200	17,5	"
	8	12,0	20,0	240	5700	23,8	"

Tabelle 22

Festigkeitswerte von widerstand-geschweißten Proben aus III/III

Bezchg. der Proben und Werkstoffe	Stab Nr.	Abmessung a mm	l mm	F_2 mm^2	P kg	σ_B kg/mm^2	Bemerkungen
WS 26 III/III	1	5,8	15,0	87	4150	47,7	Stab
	2	5,6	15,0	84	4200	50,0	"
	3	5,8	15,0	87	4150	47,7	"
	4	5,7	14,9	85	4100	48,3	"
	5	--	--	--	--	--	
	6	--	--	--	--	--	
WS 26 III/III	7	9,6	14,2	142	4000	28,2	Schweiße
	8	10,0	15,0	150	1600	10,7	Übergang
	9	9,8	15,0	147	4900	33,4	Schweiße
	10	9,5	15,0	142	6700	47,2	Stab
	11	9,8	15,0	147	600	4,8	"
	12	9,4	15,0	141	9500	67,4	"
WS 26 III/III	13	12,3	20,0	246	15000	61,0	Schweiße
	14	12,3	20,0	246	11200	45,5	"
	15	12,3	19,9	245	14000	57,2	Stab
	16	12,5	20,0	250	15500	62,0	Schweiße
	17	12,5	20,0	250	13700	54,8	"
	18	12,5	20,0	250	12200	48,8	"

Tabelle 23

Festigkeitswerte von autogen-geschweißten Proben aus III/IV

Bezchg. der Proben und Werkstoffe	Stab Nr.	Abmessung a mm	l mm	F_2 mm^2	P kg	σ_B kg/mm^2	Bemerkungen
FAS 17 III/IV	2	6,2	15,0	93	1900	20,4	Schweiße
	2	5,7	15,0	85,5	900	10,5	"
FAS 17 III/IV	4	9,1	15,0	136	800	5,9	"
	4	9,1	14,8	135	700	5,2	"
	5	9,0	14,8	135	1300	9,8	"
FAS 17 III/IV	8	12,1	20,0	242	450	1,9	"

Tabelle 24

Festigkeitswerte von lichtbogen-geschweißten Proben aus III/IV

Bezchg. der Proben und Werkstoffe	Stab Nr.	Abmessung a mm	l mm	F_2 mm^2	P kg	σ_B kg/mm^2	Bemerkungen
FES 13	1	6,4	15,0	96	2100	21,9	Übergang
III/IV	2	5,8	15,0	87	200	2,3	"
	3	5,8	15,0	87	2600	29,9	"
	3	5,7	15,0	85,5	2650	31,0	"

Tabelle 25

Festigkeitswerte von widerstand-geschweißten Proben aus III/IV

Bezchg. der Proben und Werkstoffe	Stab Nr.	Abmessung a mm	l mm	F_2 mm^2	P kg	σ_B kg/mm^2	Bemerkungen
WS 27	1	5,8	15,0	87	4100	47,2	Stab
III/IV	2	5,8	15,0	87	3200	36,8	"
	3	6,0	15,0	90	4150	46,1	"
	4	5,5	15,0	82,5	3000	36,4	"
	5	6,0	15,0	90	4000	44,5	Schweiße
	6	6,0	15,0	90	2900	32,2	"
	7	6,0	15,0	90	3600	40,0	"
WS 27	8	--	--	--	--	--	
III/IV	9	9,0	15,0	135	6100	45,2	Schweiße
	10	9,0	14,8	133	5700	42,9	"
	11	9,0	14,8	133	5800	43,6	"
	12	8,7	15,0	130	5900	45,4	"
WS 27	13	12,2	20,0	244	6900	28,3	"
III/IV	14	12,0	20,0	240	6300	26,3	Übergang
	15	12,0	20,0	240	9000	37,5	"
	16	12,2	20,0	244	7200	29,6	"
	17	12,3	19,8	244	5100	20,9	"

Tabelle 26

Festigkeitswerte von widerstand-geschweißten Proben aus V/V

Bezchg. der Proben und Werkstoffe	Stab Nr.	Abmessung a mm	l mm	F_2 mm^2	P kg	σ_B kg/mm^2	Bemerkungen
WS 28 V/V	1	5,5	15,0	82,5	3300	40,0	Stab
	2	5,5	15,0	82,5	4050	49,1	"
	3	5,5	15,0	82,5	3200	38,8	Übergang
	4	5,2	15,0	78	3000	38,5	Stab
	5	5,3	15,0	79,5	3500	44,0	"
	6	5,6	15,0	84	3600	42,8	"
WS 28 V/V	7	8,7	15,0	130	5300	40,8	Schweiße
	8	8,7	15,0	130	4300	33,1	Stab
	9	8,5	15,0	128	6100	47,7	Schweiße
	10	8,8	18,0	158	6700	42,5	"
	11	8,7	15,0	130	3950	30,4	Übergang
	12	8,7	15,0	130	7600	58,5	"
WS 28 V/V	13	11,4	20,0	228	11200	49,1	Schweiße
	14	11,0	20,0	220	10100	45,9	"
	15	11,2	20,0	224	11600	51,8	Stab
	16	11,0	20,0	220	9400	42,7	"
	17	10,7	20,0	214	7500	35,0	"

Tabelle 27

Festigkeitswerte von widerstand-geschweißten Proben aus V/IV

Bezchg. der Proben und Werkstoffe	Stab Nr.	Abmessung a mm	l mm	F_2 mm^2	P kg	σ_B kg/mm^2	Bemerkungen
WS 29 V/IV	1	6,0	15,0	90	300	3,3	Übergang
	2	5,5	15,0	82,5	3400	41,3	Stab
	3	5,5	15,0	82,5	4000	48,5	"
	4	5,5	15,0	82,5	4100	49,8	Schweiße
	5	5,5	15,0	82,5	3500	42,4	Stab
	6	6,2	15,0	93	3350	36,0	Übergang
WS 29 V/IV	7	9,0	15,0	135	6500	48,2	Stab
	8	9,1	15,0	137	5400	39,4	"
	9	10,2	15,0	153	4600	30,1	Übergang
	10	9,0	15,0	135	6100	45,2	Stab
	11	--	--	--	--	--	
	12	--	--	--	--	--	
WS 29 V/IV	13	10,7	15,0	161	6600	41,0	Schweiße
	14	10,5	15,0	158	6400	40,5	Stab
	15	11,0	20,0	220	6100	27,7	Übergang
	16	12,2	20,0	244	6700	27,5	"
	17	12,0	20,0	240	6900	28,4	"

Tabelle 28

Festigkeitswerte von lichtbogen-geschweißten Proben aus VI/VI

Bezchg. der Proben und Werkstoffe	Stab Nr.	Abmessung a mm	l mm	F_2 mm^2	P kg	σ_B kg/mm^2	Bemerkungen
FES 22 VI/VI	1	5,7	15,0	85,5	3700	43,3	Stab
	2	5,7	15,0	85,5	4000	46,8	"
FES 22 VI/VI	7	9,0	14,9	134	2900	21,7	Übergang
	8	9,0	15,0	135	3400	25,2	"
	9	9,0	15,0	135	5200	38,5	"
	10	8,7	14,8	129	4300	33,3	"
	11	8,8	15,0	132	4400	33,4	"
	12	8,8	15,2	134	3600	26,9	"

Tabelle 29

Festigkeitswerte von widerstand-geschweißten Proben aus VI/VI

Bezchg.der Proben und Werkstoffe	Stab Nr.	Abmessung a mm	l mm	F_2 mm^2	P kg	σ_B kg/mm^2	Bemerkungen
WS 32 VI/VI	1	9,3	15,0	139	7300	52,5	Stab
	2	9,0	15,0	135	7200	53,4	"
	3	9,0	15,0	135	7100	52,6	"
	4	9,0	15,0	135	7100	52,6	"

Tabelle 30

Festigkeitswerte von autogen-geschweißten Proben aus VII/VII

Bezchg.der Proben und Werkstoffe	Stab Nr.	Abmessung a mm	l mm	F_2 mm^2	P kg	σ_B kg/mm^2	Bemerkungen
FAS 20 VII/VII	1	5,5	14,8	81	2100	26,0	Schweiße
	2	5,3	14,8	78	1600	20,5	"
	3	5,1	14,8	75,5	800	10,6	Übergang
FAS 20 VII/VII	4	8,4	15,0	126	600	4,8	Schweiße
	4	9,0	15,0	135	500	3,7	"

Tabelle 31

Festigkeitswerte von lichtbogen-geschweißten Proben aus VII/VII

Bezchg. der Proben und Werkstoffe	Stab Nr.	Abmessung				σ_B kg/mm²	Bemerkungen
		a mm	l mm	F mm²	P kg		
FES 18 VII/VII	1	5,2	15,0	78	2950	37,8	Schweiße
	1	5,3	15,0	79,5	3700	46,5	Stab
	2	5,5	15,0	82,5	3250	39,4	Schweiße
	2	5,6	15,0	83	2700	32,6	Übergang
	3	5,0	15,0	75	2250	30,0	"
	3	5,0	14,9	74,5	2900	39,0	Schweiße
FES 18 VII/VII	4	8,2	15,0	123	6000	48,8	Stab
	4	8,7	15,0	130	5950	45,8	Übergang
	5	9,1	15,0	136	5500	40,5	"
	5	8,9	15,0	133	4600	34,6	"
	6	9,4	15,0	141	4800	34,0	"
	6	9,4	15,0	141	2700	19,2	"
FES 18 VII/VII	7	11,5	20,0	230	4300	18,7	"
	7	11,6	20,0	232	5300	22,8	"
	8	11,3	20,0	226	3500	15,5	"
	8	11,2	20,0	224	7400	33,0	Stab
	9	11,8	20,0	236	7100	30,1	Schweiße
	9	11,6	20,0	232	6600	28,5	Übergang

Tabelle 32

Festigkeitswerte von widerstand-geschweißten Proben aus VII/VII

Bezchg.der Proben und Werkstoffe	Stab Nr.	Abmessung a mm	l mm	F_2 mm^2	P kg	σ_B kg/mm^2	Bemerkungen
WS 30 VII/VII	1	5,5	15,0	82,5	3500	42,4	Stab
	2	5,7	15,0	85,5	3200	37,4	"
	3	5,6	15,0	84	3600	42,9	"
	4	5,2	15,0	78	3600	46,2	"
	5	--	--	--	--	--	
	6	--	--	--	--	--	
WS 30 VII/VII	7	9,9	15,0	148	5100	34,5	Schweiße
	8	9,3	15,0	139	7200	51,8	"
	9	8,4	15,0	126	3700	29,4	Stab
	10	8,9	15,0	133	5700	42,9	"
	11	--	--	--	--	--	
	12	--	--	--	--	--	
WS 30 VII/VII	13	12,0	20,0	240	9200	38,3	Stab
	14	12,0	30,0	360	12600	34,0	"
	15	11,5	20,0	230	5300	23,0	Schweiße
	16	11,8	20,0	236	8750	37,1	"

Tabelle 33

Festigkeitswerte von autogen-geschweißten Proben aus VII/IV

Bezchg.der Proben und Werkstoffe	Stab Nr.	Abmessung a mm	l mm	F_2 mm^2	P kg	σ_B kg/mm^2	Bemerkungen
FAS 21 VII/IV	1	5,3	15,0	79,5	1300	16,4	Schweiße
	1	5,0	15,0	75	1600	21,4	"
	2	5,4	15,0	81	1500	18,5	"
	2	5,1	15,0	76,5	1450	19,0	"
	3	5,3	15,0	79,5	1600	20,2	"
	3	5,9	15,0	88,5	1800	20,3	"
FAS 21 VII/IV	4	9,5	15,0	142	1600	11,3	"
	5	8,7	15,0	130	400	3,1	"
FAS 21 VII/IV	8	12,3	20,0	246	1150	4,7	"
	8	12,0	20,0	240	900	3,75	"

Tabelle 34

Festigkeitswerte von lichtbogen-geschweißten Proben aus VII/IV

Bezchg.der Proben und Werkstoffe	Stab Nr.	Abmessung a mm	l mm	F_2 mm^2	P kg	σ_B kg/mm^2	Bemerkungen
FES 19 VII/IV	1	6,0	15,0	90	3200	35,6	Übergang
	2	5,8	15,0	87	3850	44,3	Schweiße
	2	5,7	15,0	85,5	3300	38,6	"
	3	5,5	15,0	82,5	3200	38,8	Übergang
FES 19 VII/IV	4	9,6	15,0	144	4700	32,7	"
	4	9,3	15,0	141	5700	38,3	"
	5	9,0	15,0	135	2300	17,0	"gr.Fehlst.
	5	9,1	15,0	137	2000	14,6	" "
	6	10,0	15,0	150	3800	25,3	" "
FES 19 VII/IV	7	11,1	20,0	222	2800	12,6	" "
	8	11,8	19,7	232	2300	9,9	" "
	9	11,4	20,0	228	7200	31,6	Schweiße
	9	11,0	20,0	220	7400	33,6	Übergang
FES 19 VII/IV	1	6,0	15,0	90	3900	43,4	"
	3	5,4	15,0	81	3700	45,7	Stab

Bei allen Werkstoffen, außer Werkstoff I, treten bei der Herstellung der Zerreißstäbe mehr oder weniger große Schwierigkeiten infolge der beschriebenen Aufhärtung neben der Schweißnaht ein. Viele der geschweißten Platten brachen aus diesem Grund bereits während der Probenherstellung. Die Anzahl der in den Tabellen wiedergegebenen Proben ist daher gleichzeitig ein Abbild der Aufhärtung derselben. Ganz allgemein ergab sich, daß die Festigkeitswerte der Lichtbogen- und Widerstandschweißverbindungen stets etwas höher liegen und eine größere Gleichmäßigkeit aufweisen als die die Autogenschweißnähte, obgleich jene zu höheren Härtewerten führen. Dies hängt ganz offenbar mit der geringeren Wärmebeeinflussung der Tempergußwerkstoffe durch die schnell ablaufenden Lichtbogen-Schweißverfahren zusammen. Ferner zeigen die Tafeln eindeutig, daß bei 6 mm-Proben stets sehr gleichmäßige Festigkeitswerte gefunden werden, während bei größeren Wanddicken größere Streuungen auftreten. Überdies beweisen die Tabellen, daß auch die schwarzen Tempergußqualitäten II und III bei Einhaltung der beschrie-

Tabelle 35

Festigkeitswerte von widerstand-geschweißten Proben aus VII/IV

Bezchg. der Proben und Werkstoffe	Stab Nr.	Abmessung				σ_B	Bemerkungen
		a mm	l mm	F_2 mm²	P kg	kg/mm²	
WS 31 VII/IV	1	5,5	14,8	81	3500	43,2	Übergang
	2	5,7	15,2	86,5	3650	42,3	Stab
	3	4,9	15,0	73,5	3150	42,9	Übergang
	4	5,7	15,0	85,5	3550	41,6	Stab
	5	5,4	15,0	81	3300	40,8	Übergang
	6	5,5	15,0	82,5	3900	47,3	Stab
	7	5,3	15,2	80,5	3750	46,6	"
WS 31 VII/IV	8	9,4	15,0	141	2250	16,0	Stab
	9	9,6	15,6	150	5650	37,7	"
	10	9,3	15,2	141	4750	33,7	Übergang
	11	9,0	15,0	135	5350	39,6	"
	12	9,5	15,0	142	5400	38,0	"
	13	9,3	15,0	139	5800	41,8	"
WS 31 VII/IV	14	12,0	20,0	240	6900	28,7	Übergang
	15	12,2	20,0	244	7300	29,9	"
	16	12,2	20,0	244	7500	30,8	"
	17	12,0	20,0	240	10600	44,1	Stab
	18	12,3	19,8	243	7200	29,6	Schweiße
	19	12,0	20,0	240	7050	29,4	"

benen Vorsichtsmaßregeln geschweißt werden können, wenn auch ihre Verbindungen sehr spröde sind. Ganz besonders fällt auf, daß die Widerstandschweißung bei allen untersuchten Werkstoffen gut durchführbar ist und noch befriedigende Festigkeitswerte wenigstens bis 9 mm Wanddicke liefert.

Die gute Dehnbarkeit der Schweißverbindungen des Werkstoffes I und die mehr oder weniger geringe Dehnung bei den übrigen Werkstoffen zeigt in einer Auswahl die in den Abbildungen 50 bis 52 an 6, 9 und 12 mm getrennt wiedergegebene Zusammenstellung einiger zerrissener Probestäbe.

Die Zerreißfestigkeit autogengeschweißter Rohre des Werkstoffes I zeigt Tabelle 34, während die Festigkeitswerte widerstandgeschweißter Rohre des gleichen Werkstoffes in Tabelle 35 zusammengestellt sind. Die Tabellen zeigen, daß Rohre des Werkstoffes I einwandfrei geschweißt werden können und befriedigende Zerreißfestigkeit haben.

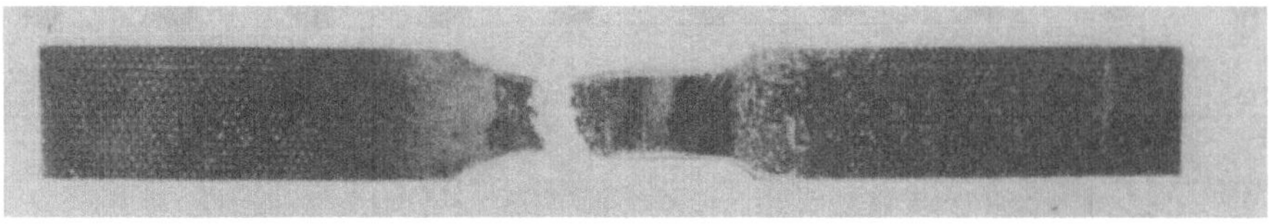

Werkstoff I/I MIT s = 6 mm

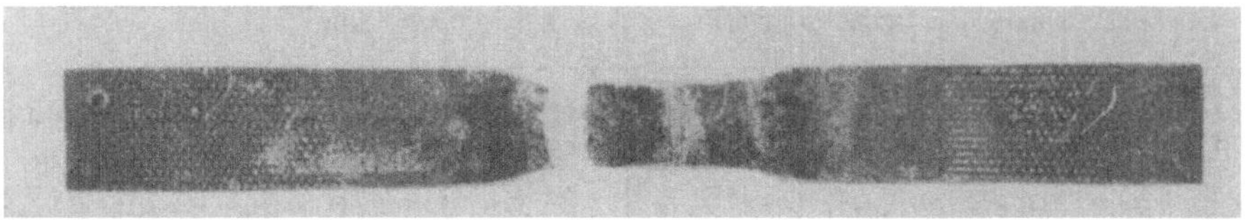

Werkstoff I/I Autogen s = 6 mm

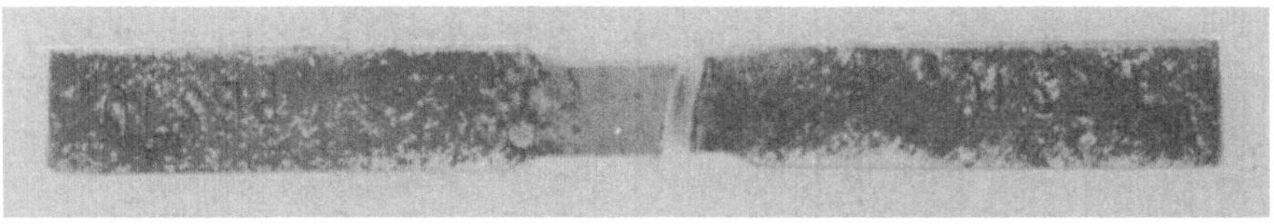

Werkstoff II/II Lichtbogen s = 6 mm

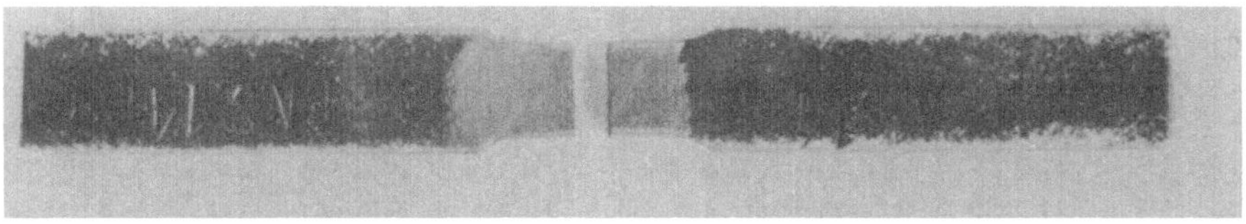

Werkstoff II/II Autogen s = 6 mm

Werkstoff VII/VII Lichtbogen s = 6 mm

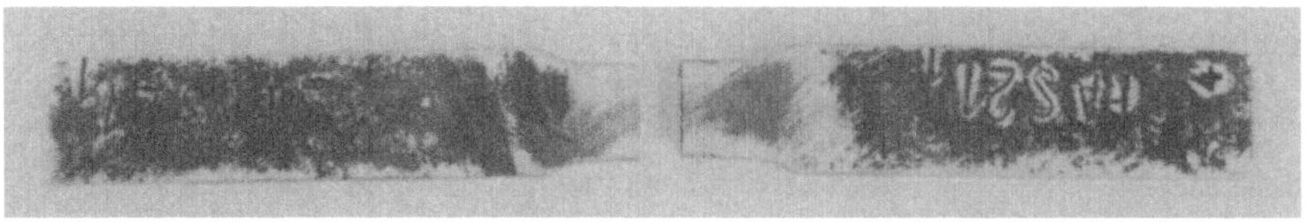

Werkstoff VII/VII s = 6 mm

A b b i l d u n g 50

Ansicht zerrissener 6 mm Probestäbe

ca. 3/4 nat. Größe

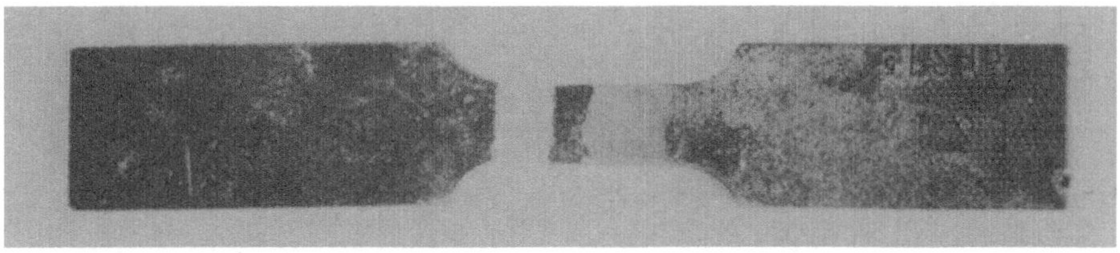

Werkstoff I/I Lichtbogen s = 9 mm

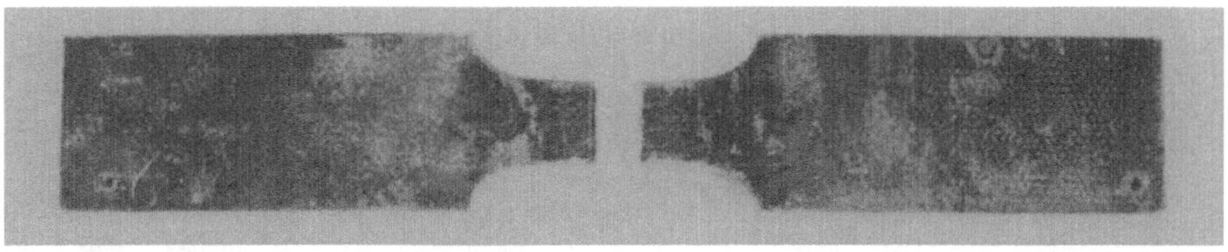

Werkstoff I/I Autogen s = 9 mm

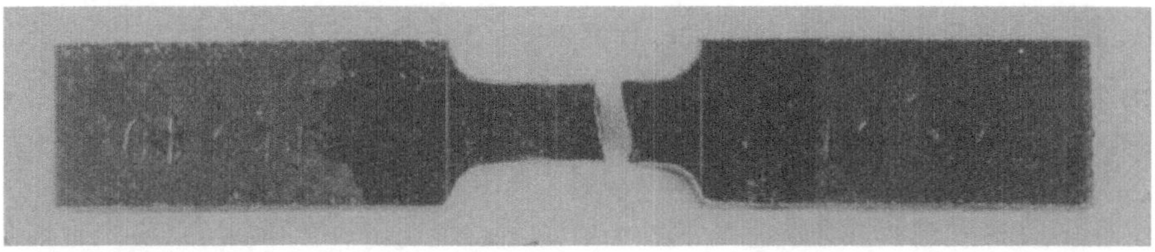

Werkstoff II/II Lichtbogen s = 9 mm

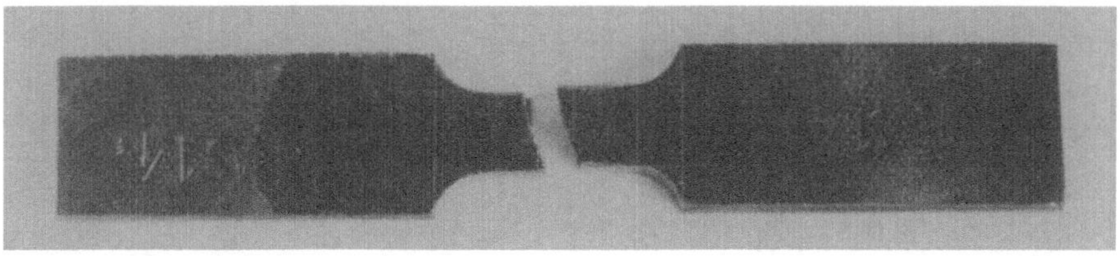

Werkstoff II/II Autogen s = 9 mm

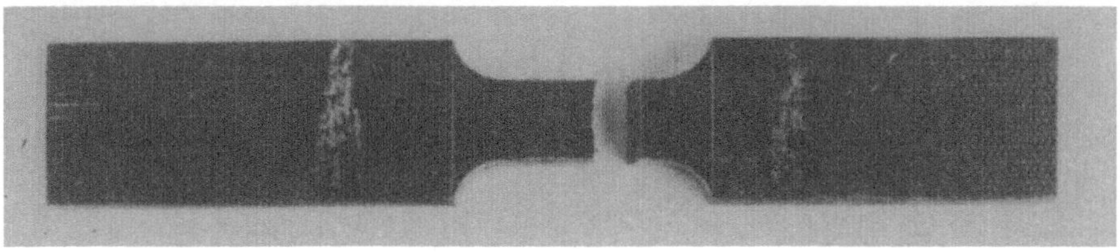

Werkstoff VII/VII Lichtbogen s = 9 mm

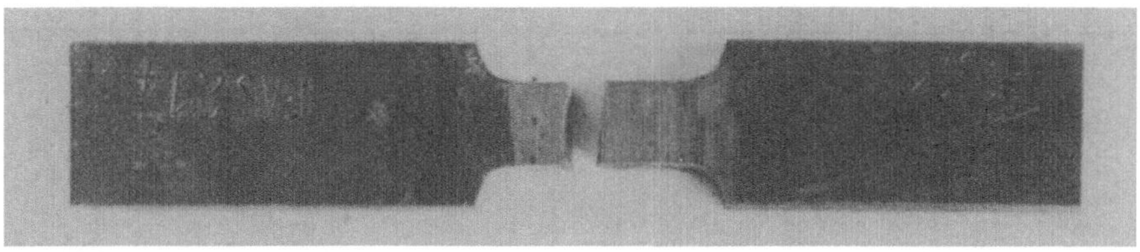

Werkstoff VII/VII Autogen s = 9 mm

A b b i l d u n g 51

Ansicht zerrissener 9 mm Probestäbe

ca. 3/4 nat. Größe

Werkstoff I/I MIT s = 12 mm

Werkstoff I/I Autogen s = 12 mm

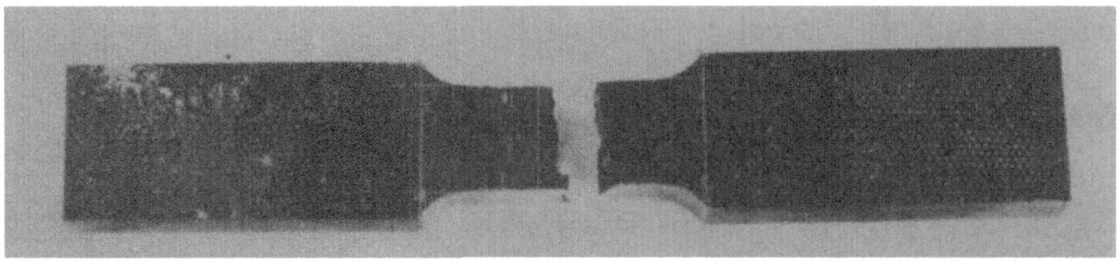

Werkstoff II/II Lichtbogen s = 12 mm

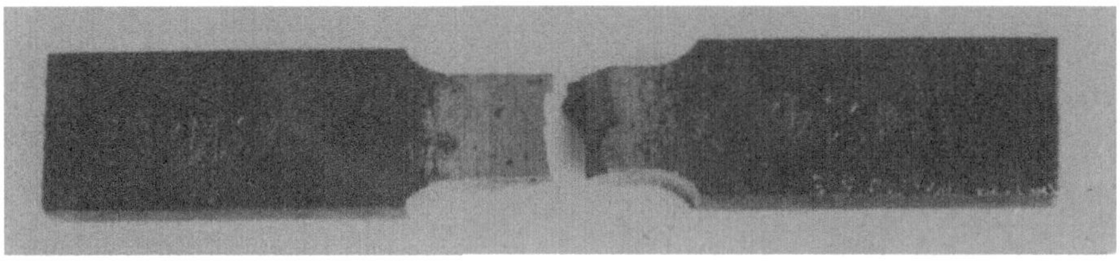

Werkstoff II/II Autogen s = 12 mm

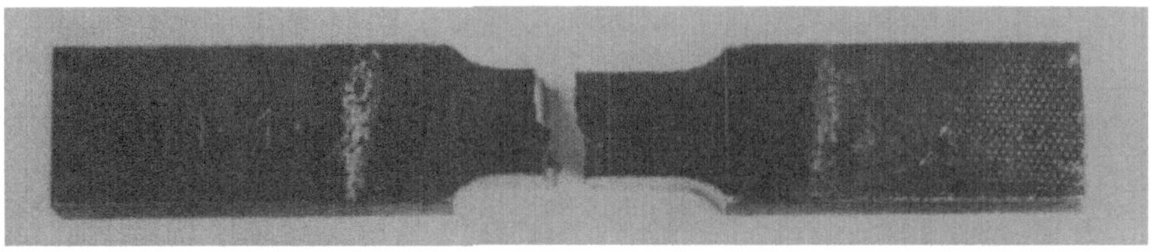

Werkstoff VII/VII Lichtbogen s = 12 mm

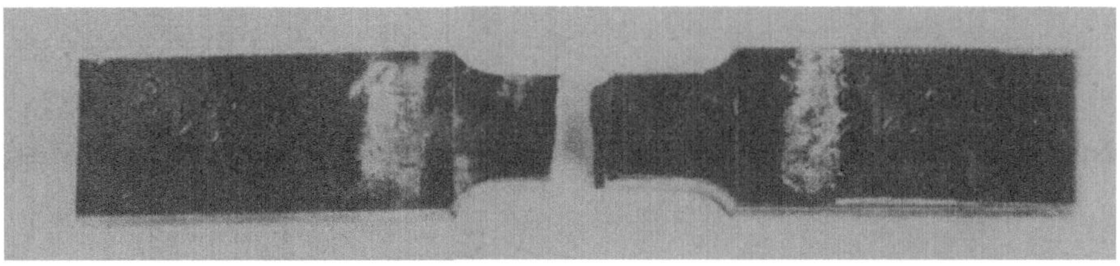

Werkstoff VII/VII Autogen s = 12 mm

A b b i l d u n g 52

Ansicht zerrissener 12 mm Probestäbe

ca. 3/4 nat. Größe

T a b e l l e 36

Zusammenstellung der mittleren Festigkeitswerte aller autogengeschweißten Proben

Werkstoff	6 mm MW	Grenzwerte	Anzahl	9 mm MW	Grenzwerte	Anzahl	12 mm	Grenzwerte	Anzahl	MW
I/I	42,3	38,2 - 44,5	3	44,1	39,6 - 46,6	3	34,6	31,4 - 35,8	3	40,3
II/II	18,8	16,7 - 22,1	3	20,6	17,7 - 23,4	2	17,6	8,7 - 20,4	4	19,0
III/III	13,7	7,3 - 18,1	3	14,5	11,0 - 18,0	2	7,2	3,6 - 11,8	6	11,8
V/V										
VI/VI										
VII/VII	19,0	10,6 - 26,0	3	4,3	3,7 - 4,8	2	-	-	-	11,7
I/IV	34,8	31,7 - 37,6	3	39,5	39,3 - 39,9	3	33,6	32,0 - 34,6	3	36,0
II/IV	21,1	17,6 - 23,4	3	4,4	4,4	1	11,7	10,2 - 12,9	3	22,3
III/IV	15,5	10,5 - 20,4	2	9,7	5,2 - 9,8	3	1,9	1,9	1	9,0
V/IV										
VI/IV										
VII/IV	19,6	16,4 - 21,4	6	7,2	3,1 - 11,3	2	4,2	3,75 - 4,7	2	10,3
			26			18			22	

Tabelle 37

Zusammenstellung der mittleren Festigkeitswerte aller lichtbogengeschweißten Proben

Werkstoff	6 mm MW	Grenzwerte	Anzahl	9 mm MW	Grenzwerte	Anzahl	12 mm MW	Grenzwerte	Anzahl	MW
I/I	38,3	36,0 - 40,2	3	44,3	47,3 - 48,2	3	44,4	31,0 - 50,0	3	42,3
II/II	30,1	16,2 - 38,8	6	16,8	5,7 - 25,5	5	25,3	17,1 - 30,6	5	24,1
III/III	22,4	17,2 - 26,7	4	-	-		16,4	12,0 - 23,8	4	19,4
V/V										
VI/VI	45,1	43,3 - 46,8	2	29,8	21,7 - 38,5	6				37,5
VII/VII	37,7	30,0 - 46,5	6	37,3	19,2 - 48,8	6	24,8	15,5 - 33,0	5	33,3
I/IV	40,6	37,8 - 43,3	3	44,0	44,5 - 46,5	3	42,0	40,0 - 44,2	3	42,2
II/IV	33,9	25,9 - 40,8	4	13,0	3,7 - 22,2	2	16,9	10,0 - 24,8	5	21,3
III/IV	21,0	2,3 - 31,0	4							21,0
V/IV										
VI/IV										
VII/IV	39,3	35,6 - 44,3	4	25,6	14,6 - 38,3	5	21,9	9,9 - 33,6	4	28,9
			36			30			30	

T a b e l l e 38

Zusammenstellung der mittleren Festigkeitswerte aller widerstandgeschweißten Proben

Werkstoff	6 mm MW	WS	Grenzwerte	Anz.	9 mm MW	WS	Grenzwerte	Anz.	12 mm MW	WS	Grenzwerte	Anz.	MW
I/I	39,9		35,6-44,1	3	56,7		49,6-61,7	3	61,2		55,1-67,1	3	50,6
II/II	35,8		28,8-41,6	6	49,0		33,3-58,6	5	43,1		38,1-51,5	6	42,3
III/III	48,4	41,7	47,7-50,0	4	31,9	45,4	4,8-67,4	6	54,9	47,5	45,5-62,0	6	45,1
V/V	42,2		38,5-49,1	6	42,2		30,4-58,5	6	44,9		35,0-51,8	5	43,1
					52,8		52,5-53,4	4					
VII/VII	42,2		37,4-46,2	4	39,6		29,4-51,8	4	33,1		23,0-38,3	4	38,3
I/IV	40,6		38,4-43,4	3	43,3		43,1-43,4	3	44,0		42,7-50,4	3	42,6
II/IV	30,3		6,9-43,4	3	29,3		20,9-43,2	6	27,1			6	28,9
III/IV	40,5	38,4	32,2-47,2	7	44,3	38,4	42,9-45,4	4	28,5	32,9	20,9-37,5	5	37,8
V/IV	36,9		3,3-49,8	6	40,7		30,1-48,2	4	33,0		27,5-41,0	5	36,8
VII/IV	43,5		41,6-47,3	7	34,5		16,0-41,8	6	32,1		28,7-44,1	6	36,7
				49				51				49	

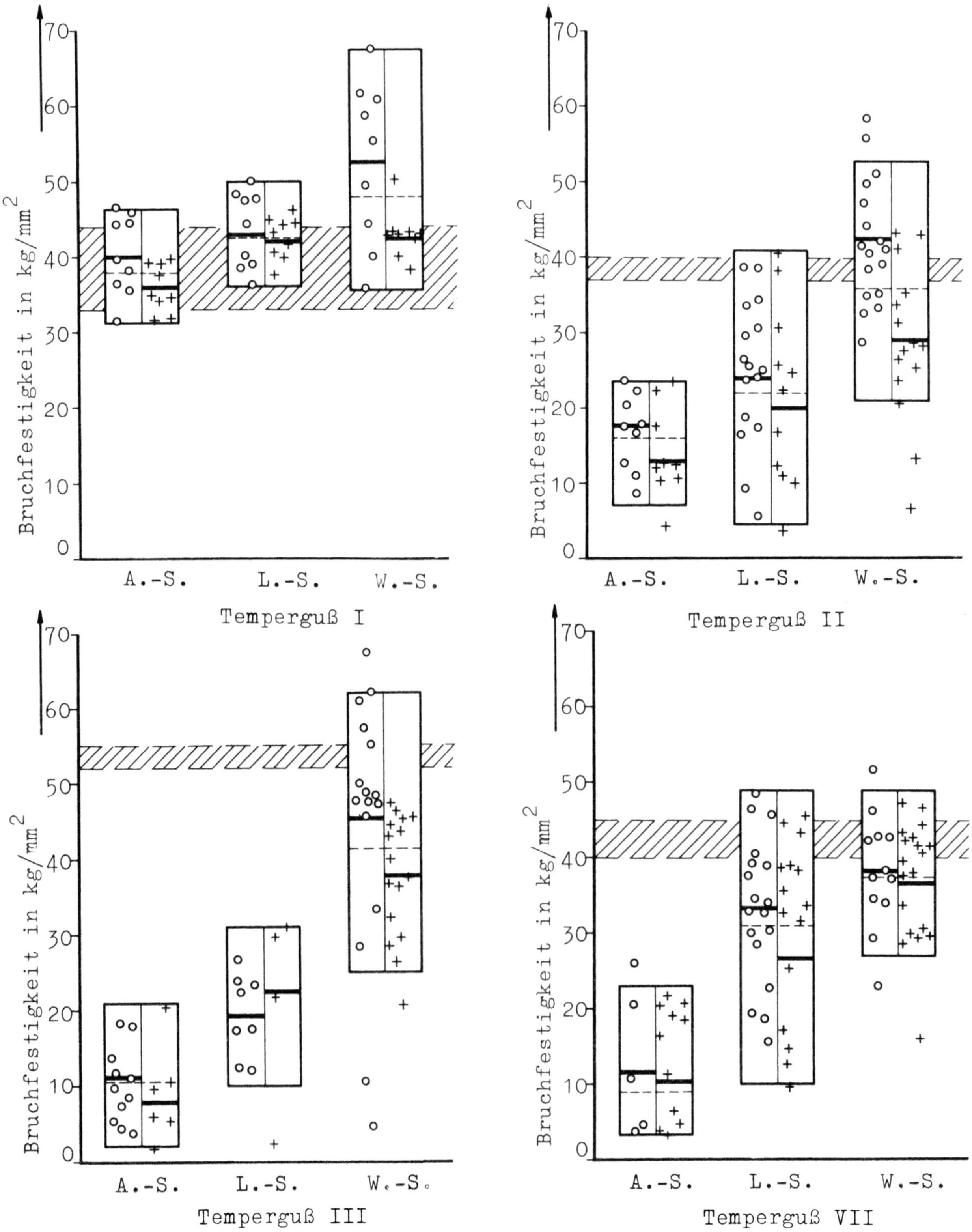

A b b i l d u n g 52a

Vergleich der Zugfestigkeitswerte von geschweißten Tempergußproben untereinander (°) und mit Stahl (+) nach Sorten I, II, III u.VII und nach Schweißverfahren (A.S., L.S. u.W.S.)

Zusammenstellung der Festigkeitswerte von Schweißungen verschiedener Tempergußsorten mit verschiedenen Schweißverfahren

Werkstoff Sorte	Wanddicke mm	Autogen-Schw.		Lichtbogen-Schw.		Schutzgas-Schw. MIT		Schutzgas-Schw. WIT		Widerstand-Schw.	
I/I	6	42,3	38,2/44,5	38,3	36,0/40,2	39,0	35,9/43,2	42,7	41,6	39,9	35,6/44,1
	9	43,1	39,6/46,6	47,7	47,3/48,2	44,9	38,0/50,6	-	44,5	56,7	49,6/61,7
	12	34,6	31,4/36,5	44,4	39,0/50,0	37,5	33,2/41,1	-		61,2	55,1/67,7
II/II	6	18,8	16,7/22,1	30,1	16,2/38,8					35,4	28,8/41,6
	9	20,5	17,7/23,4	16,6	5,7/25,5					49,0	33,3/58,6
	12	13,2	8,7/20,4	25,3	17,1/30,6					43,1	38,5/51,5
III/III	6	13,1	7,3/18,1	22,4	17,2/26,7					48,4	47,7/50,0
	9	14,5	11,0/18,0	-						31,9	4,8/67,4
	12	7,2	3,6/11,8	16,4	12,0/23,8					54,9	45,5/62,0
V/V	6									42,2	38,5/49,1
	9									42,2	30,4/58,5
	12									44,9	35,0/51,8
VI/VI	6			45,0	43,3/46,8					-	
	9			30,0	21,7/38,5					52,2	52,5/53,4
	12			-						-	
VII/VII	6	19,0	10,6/26,0	37,6	30,0/46,5					42,2	37,4/46,2
	9	4,3	3,7/ 4,8	37,2	19,2/48,8					39,6	29,4/51,8
	12	-		24,8	15,5/33,0					33,1	23,0/38,3
I/IV	6	34,8	31,7/37,6	40,6	37,8/43,3					40,6	38,4/43,4
	9	39,5	39,3/39,9	44,0	44,5/46,5					43,3	43,1/43,4
	12	33,6	32,0/34,6	42,0	40,0/44,2					44,0	42,7/50,4
II/IV	6	21,1	17,6/23,4	33,9	25,9/40,8					30,5	6,9/43,4
	9	4,4		13,0	3,7/22,2					29,3	20,9/43,2
	12	11,7	10,2/12,9	14,9	10,0/24,8					27,1	13,4/35,2
III/IV	6	15,5	10,5/20,4	21,2	2,3/31,0					40,5	32,2/47,2
	9	7,0	5,2/ 9,8	-						44,3	42,9/45,4
	12	1,9	-	-						28,5	20,9/37,5
V/IV	6									36,9	3,3/49,8
	9									40,7	30,1/48,2
	12									33,0	27,5/41,0
VI/IV	6										
	9										
	12										
VII/IV	6	19,3	16,4/21,4	39,3	35,6/44,3					43,5	40,8/47,3
	9	7,2	3,1/11,3	25,2	14,6/38,3					34,5	16,0/41,8
	12	4,3	3,75/ 4,7	21,9	9,9/33,6					32,1	28,7/44,1

3. Ergebnisse der Zerreißversuche

Aus den Zusammenstellungen der Festigkeitswerte (Tab. 36 - 39) wurden die Schaubilder der Abbildung 52a aufgestellt, aus denen folgende Schlüsse zu ziehen sind:

1) Von den untersuchten Tempergußsorten erreicht nur der Temperguß 1 in der Schweißnaht unabhängig vom Schweißverfahren die Festigkeit des Grundwerkstoffes mit befriedigender Sicherheit.

2) Die Anwendung der Schmelzschweißverfahren, gleichgültig ob Autogen- oder Lichtbogenschweißung, verspricht bei allen Tempergußsorten mit Ausnahme des Tempergusses 1 keinen Erfolg. Es erscheint aber nicht aussichtslos, daß der Temperguß 7 noch so verbessert werden kann, daß sich Verbindungen auf dem Wege der Widerstandschweißung herstellen lassen.

3) Die Verschweißung der Tempergußsorten mit Stahl (mit Ausnahme des Tempergußes 3, für den aber zur endgültigen Beurteilung zu wenig Versuchsergebnisse vorliegen), ergibt immer niedrigere Festigkeitswerte als die Verschweißung der Tempergußsorten untereinander.

4) Während bei den Verschweißungen der Tempergußsorten untereinander die Festigkeitswerte mit steigender Wanddicke zunehmen, scheint bei ihrer Verschweißung mit Stahl ein Festigkeitsmaximum bei der Wanddicke 9 mm vorzuliegen, bei dickeren Abmessungen (12 mm) haben sich zum größten Teil Zugfestigkeiten ergeben, die unter denen der dünnen Abmessungen (6 mm) liegen. Die Ursache dürfte nicht allein in der Entkohlung infolge der längeren Schweißzeiten zu suchen sein, da hier bei der Verschweißung der Tempergußsorten untereinander oder mit Stahl bei verschiedenen Werkstoffdicken keine nennenswerten Unterschiede vorliegen. Vielmehr muß diese Erscheinung wohl auf die Bildung einer Schweißzone zurückgeführt werden, die bei dickeren Querschnitten mit einem größeren Anteil von Stahl gebildet wird.

5) Die Versuche haben erneut bestätigt, daß die Widerstandsstumpfschweißung - hier als Abbrennschweißung ausgeführt - bei Werkstoffen, deren Verschweißung Schwierigkeiten macht, die besten Ergebnisse liefert. Es wäre wünschenswert, zu untersuchen, auf welche metallurgischen Vorgänge dies zurückzuführen ist. Die Tatsache, daß derartige Schweißungen über den ganzen Querschnitt in sehr kurzen Zeiten hergestellt, während

bei den Schmelzschweißverfahren dagegen die Querschnitte in bedeutend längeren Zeiten aufeinander folgend verschweißt werden können, erscheint als Erklärung nicht ausreichend.

4. Faltversuche

Autogen- und widerstandgeschweißte Rohre des Werkstoffes I wurden dem üblichen Faltversuch unterworfen. Das Ergebnis zeigt Abbildung 53. Die geschweißten Rohre lassen sich rißfrei zusammendrücken und stellen damit die vorzügliche Schweißbarkeit und gute Dehnbarkeit von Schweißverbindungen des Werkstoffes I unter Beweis. In der ersten Probe (links) trat der Bruch nicht in der Naht, sondern im Grundwerkstoff ein.

Abbildung 53
Ansicht von Faltproben an widerstandgeschweißten Rohren
aus I, I/IV und IV/IV

5. Abdrückversuche

Zur Nachprüfung der Dichtigkeit geschweißter Rohre des Werkstoffes I, wurden einige von ihnen unter Petroleuminnendruck bis zu 300 atü geprüft. Abbildung 54 zeigt die Prüfvorrichtung, in der autogen-, lichtbogen- und widerstandgeschweißte Rohre abgedrückt wurden und bis zum genannten Druck einwandfrei dichte Schweißnähte zeigten.

Abbildung 54
Prüfvorrichtung zum Abdrücken geschweißter Tempergußrohre

C. Zusammenfassung

Die vorliegende Untersuchung an verschiedenen Tempergußqualitäten in Wanddicken von 6 bis 12 mm mit den in den Tabellen 1 und 1a gegebenen Eigenschaften und Herstellungsbedingungen bezüglich ihrer Schweißbarkeit gestattet folgende zusammenfassende Aussage über das Schweißen von Temperguß:

1. Werkstoff I, eine Sonderqualität des weißen Tempergusses ist nach allen Verfahren gut schweißbar. Oberhalb 7 mm Wanddicke wird Vorwärmung auf 350^{0} und langsame Abkühlung zur Vermeidung der Ausbildung von Härtungsgefügen neben der Naht empfohlen.

2. Die schwarzen Temperguß-Qualitäten (Werkstoff II und III) lassen sich nach Vorwärmung auf 400^{0} autogen mit Gußeisenschweißstäben und elektrisch mit kalkbasischen Elektroden rißfrei verschweißen, wenn sie nach dem Schweißen langsam abgekühlt werden. Trotz der betrieblich möglichen Wärmebehandlung treten aber neben der Naht Aufhärtungen auf, die die Verwendung dieser Qualitäten für konstruktive Schweißverbindungen nicht empfehlenswert erscheinen lassen.

Für Ausbesserungsschweißungen und Schönheitsreparaturen kann aber bei Einhaltung der genannten Vorsichtsmaßregeln eine einwandfreie Schweißnaht erzeugt werden.

3. Die weißen Tempergußwerkstoffe (V, VI und VII) lassen sich bei geringen Wanddicken bis etwa 7 mm autogen mit Gußeisenschweißstäben und elektrisch mit kalkbasischen Elektroden rißfrei verschweißen, wenn die zu verschweißenden Teile auf etwa 400° vorgewärmt und nach dem Schweißen langsam abgekühlt werden. Oberhalb 7 mm führen diese wärmetechnischen Maßnahmen nur teilweise zu einem Erfolg; die Aufhärtungen neben der Naht sind aber immer noch so groß, daß spröde Verbindungen anfallen, die nicht für konstruktive Schweißungen empfohlen werden können. Zur Reparaturschweißung sind jedoch auch diese Werkstoffe in den hier untersuchten Wanddicken geeignet. Bei der Schweißqualität des weißen Tempergusses (V und VI) ist darauf zu achten, daß infolge der in Ferritinseln ausgeschiedenen Temperkohle Neigung zu Blasenbildung vorliegt, die bei Werkstoff VII, dem normalen weißen Temperguß, in nicht so starkem Maße beobachtet wurde.

D. Nachtrag

Die Verschweißung des Werkstoffes I mit befriedigenden technologischen Eigenschaften ist nach dem vorliegenden Bericht nur bis zu Wanddicken von 7 mm möglich. Die Herstellerfirma dieses Werkstoffes war daran interessiert, den Nachweis zu führen, daß sich auch die Wanddicken 9 und 12 mm verschweißen lassen, wenn entsprechend diesen größeren Abmessungen längere Temperzeiten angewendet werden.

Insgesamt wurden in den Wanddicken 9 und 12 mm je 48 Proben mit entsprechender Vorbehandlung vorgestellt. An der Abmessung 9 mm wurde nach dem Tempern ein C-Gehalt von 0,08 %, bei der Abmessung 12 mm von 0,21 % C als Durchschnittsanalysenwert gefunden.

Diese Proben wurden in der gleichen Weise, wie im Hauptbericht beschrieben, untereinander und mit dem Werkstoff IV (St. 37) verschweißt. Für die Lichtbogenschweißung wurden sowohl Elektroden des Titantyps wie auch solche mit kalkbasischen Umhüllungen verwendet. Die autogene Schweißung und die Widerstandsstumpfschweißung erfolgen unter den gleichen Bedingungen wie im Hauptbericht. Aus diesen Proben wurden die technologischen

Eigenschaften, das Gefüge und der Härteverlauf über die Wärmeeinflußzone ermittelt.

Die technologischen Prüfungen (Tab. 40 - 42) zeigen bei guter Gleichmäßigkeit die gleichen Ergebnisse wie in den dünneren Abmessungen und liegen alle innerhalb der Felder, wie sie in Abbildung 52a des Hauptberichts für den Werkstoff I ermittelt wurden. Die Gefügeaufnahmen aus der Übergangszone (Abb. 55 - 59) zeigen bei den Lichtbogenschweißungen an 12 mm-Wanddicke eine geringfügige Ausbildung eines Zwischenstufengefüges, wenn der Perlitanteil bei 25 % liegt. Bei geringerem Perlitanteil und demzufolge bei den geringeren Wanddicken, ist auch im Übergang von der Schweiße zum Grundwerkstoff keine nachteilige Gefügebeeinflussung festzustellen. Auch bei der Ermittlung des Härteverlaufs über die Wärmeeinflußzone durch Härtemessungen nach BRINELL ergaben sich Werte, die in keinem Fall über HB = 200 kg/mm^2 liegen. Eine Aufhärtung des Grundwerkstoffes ist also nicht eingetreten, allerdings liegt die Härte in der Wärmeeinflußzone höher als im Grundwerkstoff.

Der Werkstoff I kann also auch in den Wanddicken 9 und 12 mm nach entsprechender Vorbehandlung (ausreichend lange Temperzeit) für konstruktive Schweißungen verwendet werden.

Tabelle 40

Verschweißung von W I mit W I mit der Lichtbogenschweißung (E) und der Autogenschweißung (A)

Kb ... kalkbasische Elektrode, Ti ... titansaure Elektrode

Nr.	Bezeichnung	Wandstärke mm	Streckgr. kg/mm²	Zugfestigk. kg/mm²	Dehnung l=54/12 l=36/9	Bruch	Bemerkungen
1	EKb	12	-	40,0	7,8	W I	
1a	EKb	12	-	40,5	7,6	"	
2	EKb	12	24,4	40,8	8,5	"	
2a	EKb	12	30,0	42,6	8,2	"	
3	EKb	12	26,6	38,8	9,6	"	
3a	EKb	12	23,8	37,4	10,3	"	
4	EKb	9	28,0	38,7	10,6	W I	
4a	EKb	9	26,5	37,2	10,6	"	
5	EKb	9	28,2	37,6	13,9	"	
5a	EKb	9	24,0	40,0	13,1	"	
6	EKb	9	30,0	38,2	10,8	"	
6a	EKb	9	31,4	40,8	11,1	"	
7	ETi	12	26,5	42,1	7,9	W I	
7a	ETi	12	25,2	39,5	7,9	"	
8	ETi	12	25,6	39,1	7,9	"	
8a	ETi	12	25,0	39,6	9,8	"	
9	ETi	12	25,4	40,8	8,2	"	
9a	ETi	12	23,5	35,0	8,2	"	kl.Fehler
10	ETi	9	27,4	37,8	10,8	W I	
10a	ETi	9	27,4	37,8	10,8	"	
11	ETi	9	26,5	37,4	9,1	"	
11a	ETi	9	27,4	37,8	11,1	"	
12	ETi	9	28,2	38,4	11,1	"	
12a	ETi	9	27,3	36,8	11,9	"	
13	A	12	25,4	34,6	6,1	Schweiße	kl.Fehler
13a	A	12	27,9	40,0	8,4	"	
14	A	12	25,0	34,6	9,6	"	kl.Fehler
14a	A	12	25,9	38,7	9,1	"	
15	A	12	25,8	32,5	6,7	"	Fehler
15a	A	12	28,1	39,5	8,3	"	
16	A	9	21,2	38,4	13,9	W I	
16a	A	9	23,0	37,8	10,3	Schweiße	
17	A	9	24,2	39,4	15,3	W I	
17a	A	9	25,0	39,5	14,2	"	
18	A	9	27,1	33,0	10,3	Schweiße	Fehler
18a	A	9	25,1	39,7	11,7	"	

Tabelle 41

Verschweißung von Werkstoff I mit Werkstoff IV (St.37) mit der Lichtbogenschweißung (E) und der Autogenschweißung (A)

Kb ... kalkbasische Elektrode, Ti ... titansaure Elektrode

Nr.	Bezeichnung	Wandstärke mm	Streckgr. kg/mm^2	Zugfestigk. kg/mm^2	Dehnung 1=54/12 1=36/9	Bruch in	Bemerkungen
19	EKb	12	28,8	40,0	7,4	W I	
19a	EKb	12	32,0	46,5	8,5	"	
20	EKb	12	26,7	39,5	7,2	"	
20a	EKb	12	27,1	41,2	6,7	"	
21	EKb	12	27,7	43,7	9,3	"	
21a	EKb	12	29,2	45,5	12,9	"	
22	EKb	9	25,9	40,7	9,4	W I	
22a	EKb	9	26,5	38,5	9,2	"	
23	EKb	9	27,0	39,5	7,5	"	
23a	EKb	9	30,7	41,6	10,2	"	
24	EKb	9	28,8	37,9	10,0	"	
24a	EKb	9	28,8	37,5	10,0	"	
25	ETi	12	26,7	40,0	8,5	W I	
25a	ETi	12	28,6	41,5	8,5	"	
26	ETi	12	28,6	36,8	7,0	"	
26a	ETi	12	28,9	39,8	7,9	"	
27	ETi	12	27,9	40,6	7,4	"	
27a	ETi	12	28,6	40,6	6,3	"	
28	ETi	9	27,4	34,0	9,2	W I	Fehler
28a	ETi	9	29,5	38,5	10,8	"	
29	ETi	9	29,0	39,3	7,8	"	
29a	ETi	9	29,8	38,4	10,5	"	
30	ETi	9	26,0	37,0	8,9	"	
30a	ETi	9	28,1	38,5	8,1	"	
31	A	12	28,9	33,4	5,3	Schweiße	Fehler
31a	A	12	30,8	40,7	12,5	W I	
32	A	12	31,1	40,7	16,4	Schweiße	
32a	A	12	32,2	41,4	20,3	"	
33	A	12	26,5	39,4	12,5	W I	
33a	A	12	-	23,6	5,0	"	Fehler
34	A	9	26,1	39,0	7,9	Schweiße	
34a	A	9	26,6	38,1	9,6	"	
35	A	9	27,9	41,6	8,1	"	
35a	A	9	29,0	43,2	10,0	W I	
36	A	9	28,6	43,0	10,0	Schweiße	
36a	A	9	28,8	42,5	9,1	"	

Tabelle 42

Widerstandsstumpfschweißung

Proben 37-42 W I an W I

Proben 43-48 W I an W IV (St.37)

Nr.	Bezeichnung	Wandstärke mm	Streckgr. kg/mm²	Zugfestigk. kg/mm²	Dehnung 1=54/12 1=36/9	Bruch in	Bemerkungen
37	W	12	27,9	45,0	8,2	Grundwerkst.	
37a	W	12	28,6	46,1	6,3	"	
38	W	12	28,2	43,5	9,6	"	
38a	W	12	27,1	44,2	9,8	"	
39	W	12	28,7	43,5	10,2	"	
39a	W	12	28,3	42,7	11,4	"	
40	W	9	28,1	40,0	11,8	"	
40a	W	9	28,1	38,0	12,8	"	
41	W	9	30,6	45,0	12,8	"	
41a	W	9	26,7	40,7	17,7	"	
42	W	9	29,3	46,0	11,5	"	
42a	W	9	29,4	45,0	12,8	"	
43	W	12	28,7	45,2	13,5	"	
43a	W	12	29,1	43,0	12,3	"	
44	W	12	27,5	42,0	7,8	"	
44a	W	12	28,1	44,5	9,2	"	
45	W	12	26,5	45,5	12,5	"	
45a	W	12	27,5	45,5	11,8	"	
46	W	9	25,5	34,2	7,2	Schweiße	Fehlst.
46a	W	9	28,4	44,6	15,4	Grundwerkst.	
47	W	9	26,7	39,7	15,1	Übergang	Fehlst.
47a	W	9	28,9	39,6	11,0	Grundwerkst.	
48	W	9	31,6	48,0	13,3	"	
48a	W	9	26,5	37,9	9,2	"	

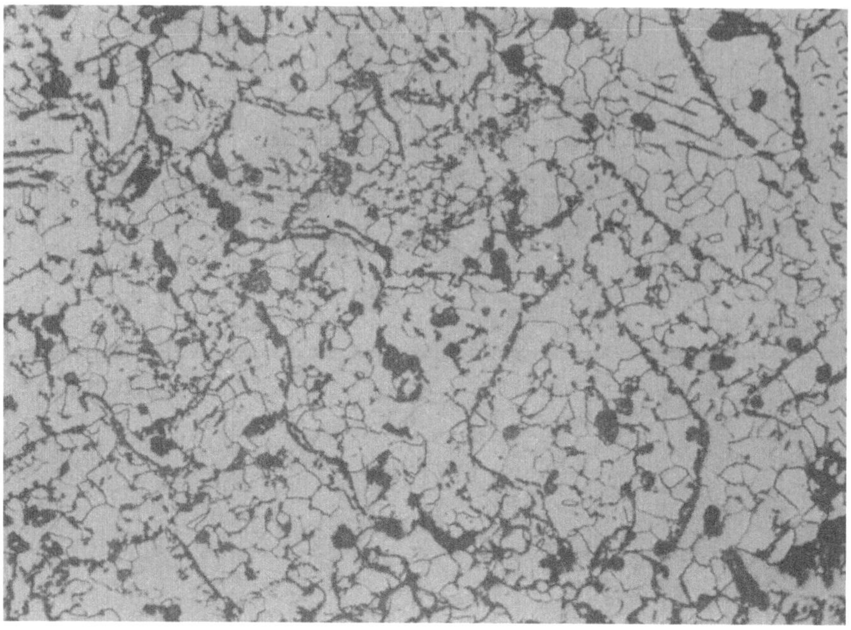

A b b i l d u n g 55

Lichtbogenschweißung W I, 9 mm kalkbasische Elektrode

(Übergangszone 200:1,Ätzung: 3 % alkohol. Salpetersäure)

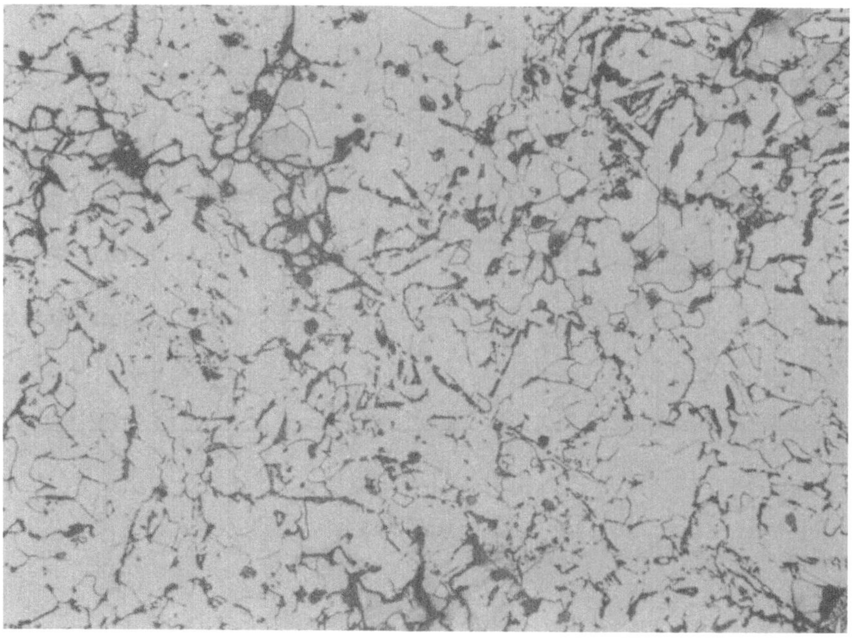

A b b i l d u n g 56

Widerstandsstumpfschweißung W I, 9 mm kalkbasische Elektrode

(Übergangszone 200:1, Ätzung: 3 % alkohol. Salpetersäure)

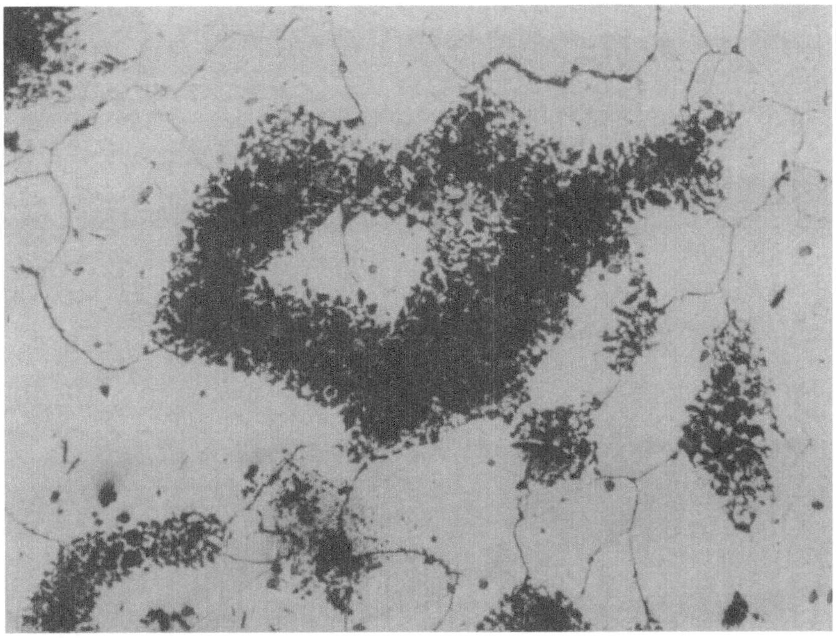

Abbildung 57
Lichtbogenschweißung W I, 12 mm titansaure Elektrode
(Übergangszone 200:1, Ätzung: 3 % alkohol. Salpetersäure)

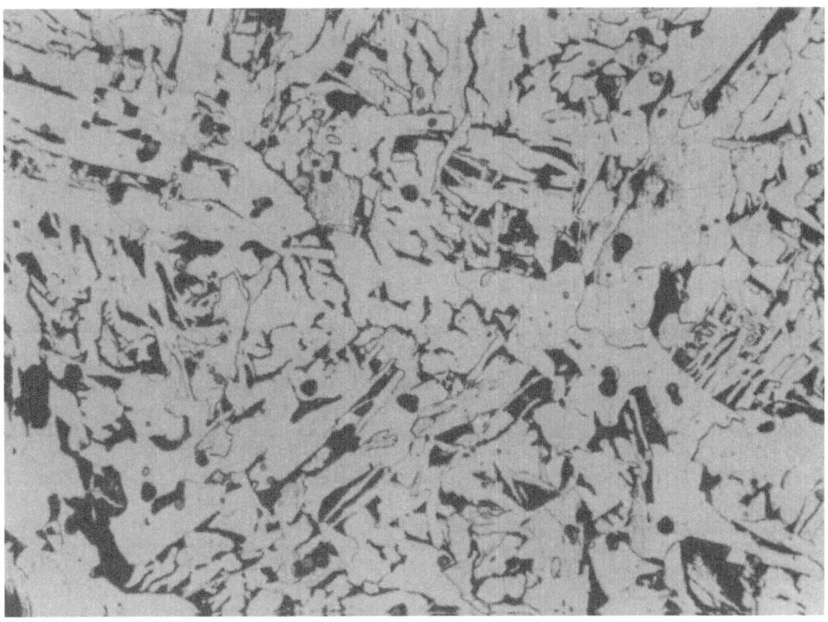

Abbildung 58
Autogenschweißung W I, 12 mm
(Übergangszone 200:1, Ätzung: 3 % alkohol. Salpetersäure)

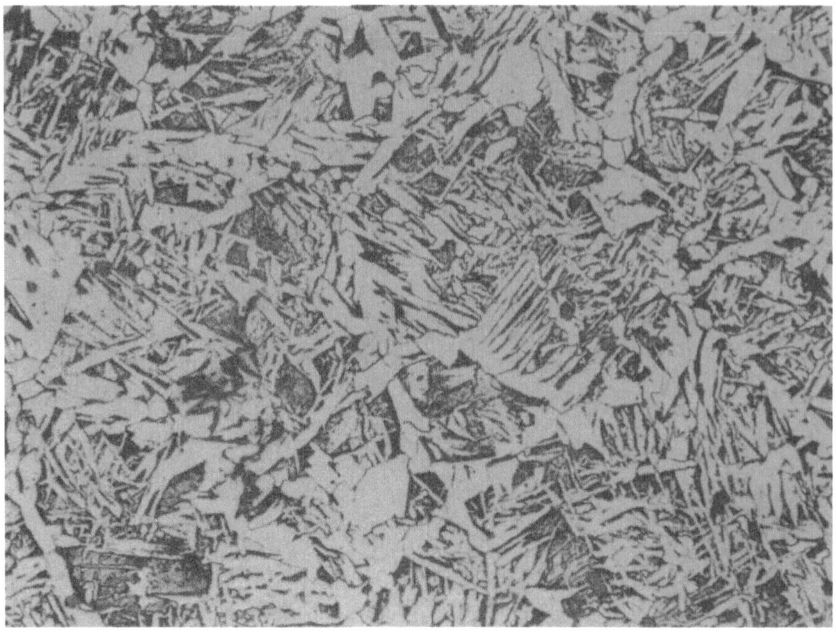

Abbildung 59
Widerstandsstumpfschweißung W I, 12 mm
(Übergangszone 200:1, Ätzung: 3 % alkohol. Salpetersäure)

E. Schlußfolgerung

Die Erkenntnisse dieser ersten Untersuchungen lassen eine Ergänzung des Normblattes DIN 1692 bezüglich der Schweißbarkeit der verschiedenen Tempergußsorten notwendig erscheinen. Bezüglich der Beeinflussung der Schweißbarkeit des Tempergusses haben sich Vermutungen ergeben, deren Klärung durch weitere Untersuchungen als notwendig angesehen wird. Solche Untersuchungen sind auf die Technik des Schweißens von Temperguß auszudehnen, um diesen Werkstoff neue wichtige Gebiete zu erschließen und dem Verbraucher die wirtschaftlichen Vorteile, die aus den vielseitigen Eigenschaften des Tempergusses bei der Herstellung von Maschinen und Aparaten resultieren, nutzbar machen zu können.

Dr. phil. Hans MAEDER, Duisburg

F. Literaturverzeichnis

(1)	ROLL, F. und W. EGER	"Schweißen von Temperguß", herausgegeben vom Verband Deutscher Gießereifachleute
(2)	ZEYEN, K.L. und W. LOHMANN	"Schweißen der Eisenwerkstoffe" Verlag Stahleisen, 2. Auflage 1948, S. 134/35
(3)	TILEMANN, Th.	"Elektrisch geschweißter Temperguß und seine Nachbehandlung" Gießerei 22, 1935, 377/386
(4)	CORNELIUS, H.	"Schweißen von Stahlguß, Gußeisen und Temperguß" nach Schrifttumsübersicht von Sparagen und Claussen, VDI-Zs. 82, 1938, 1079/1088 (in d.gl. Arbeit umfass. Zusammenstellung ds. bis dahin bekannten in- u. ausländ. Schrifttums)
(5)	BOEHM-ESTERS, E.	"Widerstandschweißen von Temperguß mit SM-Stahl" Zs. f. Elektroschweißung 12, 1941, 163/168
(6)	ROLL, F.	"Das Schweißen von Temperguß" Schweißen und Schneiden 5, 1953 70/74
(7)		DIN 1692, Temperguß - Begriffe, Eiegenschaften, Abnahme

FORSCHUNGSBERICHTE DES WIRTSCHAFTS- UND VERKEHRSMINISTERIUMS NORDRHEIN-WESTFALEN

Herausgegeben von Staatssekretär Prof. Dr. h. c. Leo Brandt

HEFT 1
Prof. Dr.-Ing. E. Flegler, Aachen
Untersuchungen oxydischer Ferromagnet-Werkstoffe
1952, 20 Seiten, DM 6,75

HEFT 2
Prof. Dr. W. Fuchs, Aachen
Untersuchungen über absatzfreie Teeröle
1952, 32 Seiten, 5 Abb., 6 Tabellen, DM 10,—

HEFT 3
Techn.-Wissenschaftl. Büro für die Bastfaserindustrie, Bielefeld
Untersuchungsarbeiten zur Verbesserung des Leinenwebstuhls
1952, 44 Seiten, 7 Abb., 3 Tabellen, DM 12,50

HEFT 4
Prof. Dr. E. A. Müller und Dipl.-Ing. H. Spitzer, Dortmund
Untersuchungen über die Hitzebelastung in Hüttenbetrieben
1952, 28 Seiten, 5 Abb., 1 Tabelle, DM 9,—

HEFT 5
Dipl.-Ing. W. Fister, Aachen
Prüfstand der Turbinenuntersuchungen
1952, 40 Seiten, 30 Abb., 3 Schaltbilder, DM 7,—

HEFT 6
Prof. Dr. W. Fuchs, Aachen
Untersuchungen über die Zusammensetzung und Verwendbarkeit von Schwelteerfraktionen
1952, 36 Seiten, DM 10,50

HEFT 7
Prof. Dr. W. Fuchs, Aachen
Untersuchungen über emsländisches Petrolatum
1952, 36 Seiten, 1 Abb., 17 Tabellen, DM 10,50

HEFT 8
M. E. Meffert und H. Stratmann, Essen
Algen-Großkulturen im Sommer 1951
1953, 52 Seiten, 4 Abb., 20 Tabellen, DM 9,75

HEFT 9
Techn.-Wissenschaftl. Büro für die Bastfaserindustrie, Bielefeld
Untersuchungen über die zweckmäßige Wicklungsart von Leinengarnkreuzspulen unter Berücksichtigung der Anwendung hoher Geschwindigkeiten des Garnes
Vorversuche für Zetteln und Schären von Leinengarnen auf Hochleistungsmaschinen
1952, 48 Seiten, 7 Abb., 7 Tabellen, DM 9,25

HEFT 10
Prof. Dr. W. Vogel, Köln
„Das Streifenpaar" als neues System zur mechanischen Vergrößerung kleiner Verschiebungen und seine technischen Anwendungsmöglichkeiten
1953, 20 Seiten, 6 Abb., DM 4,50

HEFT 11
Laboratorium für Werkzeugmaschinen und Betriebslehre, Technische Hochschule Aachen
1. Untersuchungen über Metallbearbeitung im Fräsvorgang mit Hartmetallwerkzeugen und negativem Spanwinkel
2. Weiterentwicklung des Schleifverfahrens für die Herstellung von Präzisionswerkstücken unter Vermeidung hoher Temperaturen
3. Untersuchung von Oberflächenveredlungsverfahren zur Steigerung der Belastbarkeit hochbeanspruchter Bauteile
1953, 80 Seiten, 61 Abb., DM 15,75

HEFT 12
Elektrowärme-Institut, Langenberg (Rhld.)
Induktive Erwärmung mit Netzfrequenz
1952, 22 Seiten, 6 Abb., DM 5,20

HEFT 13
Techn.-Wissenschaftl. Büro für die Bastfaserindustrie, Bielefeld
Das Naßspinnen von Bastfasergarnen mit chemischen Zusätzen zum Spinnbad
1953, 52 Seiten, 4 Abb., 19 Tabellen, DM 10,—

HEFT 14
Forschungsstelle für Acetylen, Dortmund
Untersuchungen über Aceton als Lösungsmittel für Acetylen
1952, 64 Seiten, 10 Abb., 26 Tabellen, DM 12,25

HEFT 15
Wäschereiforschung Krefeld
Trocknen von Wäschestoffen
1953, 48 Seiten, 14 Abb., 2 Tabellen, DM 9,—

HEFT 16
Max-Planck-Institut für Kohlenforschung, Mülheim a. d. Ruhr
Arbeiten des MPI für Kohlenforschung
1953, 104 Seiten, 9 Abb., DM 17,80

HEFT 17
Ingenieurbüro Herbert Stein, M.-Gladbach
Untersuchung der Verzugsvorgänge in den Streckwerken verschiedener Spinnereimaschinen. 1. Bericht: Vergleichende Prüfung mit verschiedenen Dickenmeßgeräten
1952, 36 Seiten, 15 Abb., DM 8,—

HEFT 18
Wäschereiforschung Krefeld
Grundlagen zur Erfassung der chemischen Schädigung beim Waschen
1953, 68 Seiten, 15 Abb., 15 Tabellen, DM 12,75

HEFT 19
Techn.-Wissenschaftl. Büro für die Bastfaserindustrie, Bielefeld
Die Auswirkung des Schlichtens von Leinengarnketten auf den Verarbeitungswirkungsgrad, sowie die Festigkeit und Dehnungsverhältnisse der Garne und Gewebe
1953, 48 Seiten, 1 Abb., 9 Tabellen, DM 9,—

HEFT 20
Techn.-Wissenschaftl. Büro für die Bastfaserindustrie, Bielefeld
Trocknung von Leinengarnen I
Vorgang und Einwirkung auf die Garnqualität
1953, 62 Seiten, 18 Abb., 5 Tabellen, DM 12,—

HEFT 21
Techn.-Wissenschaftl. Büro für die Bastfaserindustrie, Bielefeld
Trocknung von Leinengarnen II
Spulenanordnung und Luftführung beim Trocknen von Kreuzspulen
1953, 66 Seiten, 22 Abb., 9 Tabellen, DM 13,—

HEFT 22
Techn.-Wissenschaftl. Büro für die Bastfaserindustrie, Bielefeld
Die Reparaturanfälligkeit von Webstühlen
1953, 28 Seiten, 7 Abb., 5 Tabellen, DM 5,80

HEFT 23
Institut für Starkstromtechnik, Aachen
Rechnerische und experimentelle Untersuchungen zur Kenntnis der Metadyne als Umformer von konstanter Spannung auf konstanten Strom
1953, 52 Seiten, 20 Abb., 4 Tafeln, DM 9,75

HEFT 24
Institut für Starkstromtechnik, Aachen
Vergleich verschiedener Generator-Metadyne-Schaltungen in bezug auf statisches Verhalten
1952, 44 Seiten, 23 Abb., DM 8,50

HEFT 25
Gesellschaft für Kohlentechnik mbH., Dortmund-Eving
Struktur der Steinkohlen und Steinkohlen-Kokse
1953, 58 Seiten, DM 11,—

HEFT 26
Techn.-Wissenschaftl. Büro für die Bastfaserindustrie, Bielefeld
Vergleichende Untersuchungen zweier neuzeitlicher Ungleichmäßigkeitsprüfer für Bänder und Garne hinsichtlich ihrer Eignung für die Bastfaserspinnerei
1953, 64 Seiten, 30 Abb., DM 12,50

HEFT 27
Prof. Dr. E. Schratz, Münster
Untersuchungen zur Rentabilität des Arzneipflanzenanbaues Römische Kamille, Anthemis nobilis L.
1953, 16 Seiten, 1 Tabelle, DM 3,60

HEFT 28
Prof. Dr. E. Schratz, Münster
Calendula officinalis L. Studien zur Ernährung, Blütenfüllung und Rentabilität der Drogengewinnung
1953, 24 Seiten, 2 Abb., 3 Tabellen, DM 5,20

HEFT 29
Techn.-Wissenschaftl. Büro für die Bastfaserindustrie, Bielefeld
Die Ausnützung der Leinengarne in Geweben
1953, 100 Seiten, 14 Abb., 10 Tabellen, DM 17,80

HEFT 30
Gesellschaft für Kohlentechnik mbH., Dortmund-Eving
Kombinierte Entaschung und Verschwelung von Steinkohle; Aufarbeitung von Steinkohlenschlämmen zu verkokbarer oder verschwelbarer Kohle
1953, 56 Seiten, 16 Abb., 10 Tabellen, DM 10,50

HEFT 31
Dipl.-Ing. A. Stormanns, Essen
Messung des Leistungsbedarfs von Doppelsteg-Kettenförderern
1954, 54 Seiten, 18 Abb., 3 Anlagen, DM 11,—

HEFT 32
Techn.-Wissenschaftl. Büro für die Bastfaserindustrie, Bielefeld
Der Einfluß der Natriumchloridbleiche auf Qualität und Verwebbarkeit von Leinengarnen und die Eigenschaften der Leinengewebe unter besonderer Berücksichtigung des Einsatzes von Schützen- und Spulenwechselautomaten in der Leinenweberei
1953, 64 Seiten, 2 Abb., 12 Tabellen, DM 11,50

HEFT 33
Kohlenstoffbiologische Forschungsstation e. V.
Eine Methode zur Bestimmung von Schwefeldioxyd und Schwefelwasserstoff in Rauchgasen und in der Atmosphäre
1953, 32 Seiten, 8 Abb., 3 Tabellen, DM 6,50

HEFT 34
Textilforschungsanstalt Krefeld
Quellungs- und Entquellungsvorgänge bei Faserstoffen
1953, 52 Seiten, 13 Abb., 13 Tabellen, DM 9,80

WESTDEUTSCHER VERLAG · KÖLN UND OPLADEN

HEFT 35
Professor Dr. W. Kast, Krefeld
Feinstrukturuntersuchungen an künstlichen Zellulosefasern verschiedener Herstellungsverfahren. Teil I: Der Orientierungszustand
1953, 74 Seiten, 30 Abb., 7 Tabellen, DM 13,80

HEFT 36
Forschungsinstitut der feuerfesten Industrie, Bonn
Untersuchungen über die Trocknung von Rohton
Untersuchungen über die chemische Reinigung von Silika- und Schamotte-Rohstoffen mit chlorhaltigen Gasen
1953, 60 Seiten, 5 Abb., 5 Tabellen, DM 11,—

HEFT 37
Forschungsinstitut der feuerfesten Industrie, Bonn
Untersuchungen über den Einfluß der Probenvorbereitung auf die Kaltdruckfestigkeit feuerfester Steine
1953, 40 Seiten, 2 Abb., 5 Tabellen, DM 7,80

HEFT 38
Forschungsstelle für Acetylen, Dortmund
Untersuchungen über die Trocknung von Acetylen zur Herstellung von Dissousgas
1953, 36 Seiten, 11 Abb., 3 Tabellen, DM 6,80

HEFT 39
Forschungsgesellschaft Blechverarbeitung e. V., Düsseldorf
Untersuchungen an prägegemusterten und vorgelochten Blechen
1953, 46 Seiten, 34 Abb., DM 9,50

HEFT 40
Landesgeologe Dr.-Ing. W. Wolff, Amt für Bodenforschung, Krefeld
Untersuchungen über die Anwendbarkeit geophysikalischer Verfahren zur Untersuchung von Spateisengängen im Siegerland
1953, 46 Seiten, 8 Abb., DM 8,80

HEFT 41
Techn.-Wissenschaftl. Büro für die Bastfaserindustrie, Bielefeld
Untersuchungsarbeiten zur Verbesserung des Leinenwebstuhles II
1953, 40 Seiten, 4 Abb., 5 Tabellen, DM 7,80

HEFT 42
Professor Dr. B. Helferich, Bonn
Untersuchungen über Wirkstoffe — Fermente — in der Kartoffel und die Möglichkeit ihrer Verwendung
1953, 58 Seiten, 9 Abb., DM 11,—

HEFT 43
Forschungsgesellschaft Blechverarbeitung e. V., Düsseldorf
Forschungsergebnisse über das Beizen von Blechen
1953, 48 Seiten, 38 Abb., 2 Tabellen, DM 11,30

HEFT 44
Arbeitsgemeinschaft für praktische Dehnungsmessung, Düsseldorf
Eigenschaften und Anwendungen von Dehnungsmeßstreifen
1953, 68 Seiten, 43 Abb., 2 Tabellen, DM 13,70

HEFT 45
Losenhausenwerk Düsseldorfer Maschinenbau AG., Düsseldorf
Untersuchungen von störenden Einflüssen auf die Lastgrenzenanzeige von Dauerschwingprüfmaschinen
1953, 36 Seiten, 11 Abb., 3 Tabellen, DM 7,25

HEFT 46
Prof. Dr. W. Fuchs, Aachen
Untersuchungen über die Aufbereitung von Wasser für die Dampferzeugung in Benson-Kesseln
1953, 58 Seiten, 18 Abb., 9 Tabellen, DM 11,20

HEFT 47
Prof. Dr.-Ing. K. Krekeler, Aachen
Versuche über die Anwendung der induktiven Erwärmung zum Sintern von hochschmelzenden Metallen sowie zur Anlegierung und Vergütung von aufgespritzten Metallschichten mit dem Grundwerkstoff
1954, 66 Seiten, 39 Abb., DM 13,90

HEFT 48
Max-Planck-Institut für Eisenforschung, Düsseldorf
Spektrochemische Analyse der Gefügebestandteile in Stählen nach ihrer Isolierung
1953, 38 Seiten, 8 Abb., 5 Tabellen, DM 7,80

HEFT 49
Max-Planck-Institut für Eisenforschung, Düsseldorf
Untersuchungen über Ablauf der Desoxydation und die Bildung von Einschlüssen in Stählen
1953, 52 Seiten, 19 Abb., 3 Tabellen, DM 12,40

HEFT 50
Max-Planck-Institut für Eisenforschung, Düsseldorf
Flammenspektralanalytische Untersuchung der Ferritzusammensetzung in Stählen
1953, 44 Seiten, 15 Abb., 4 Tabellen, DM 8,60

HEFT 51
Verein zur Förderung von Forschungs- und Entwicklungsarbeiten in der Werkzeugindustrie e. V., Remscheid
Untersuchungen an Kreissägeblättern für Holz, Fehler- und Spannungsprüfverfahren
1953, 50 Seiten, 23 Abb., DM 10,—

HEFT 52
Forschungsstelle für Acetylen, Dortmund
Untersuchungen über den Umsatz bei der explosiblen Zersetzung von Azetylen
a) Zersetzung von gasförmigem Azetylen
b) Zersetzung von an Silikagel absorbiertem Azetylen
1954, 48 Seiten, 8 Abb., 10 Tabellen, DM 9,25

HEFT 53
Professor Dr.-Ing. H. Opitz, Aachen
Reibwert und Verschleißmessungen an Kunststoffgleitführungen für Werkzeugmaschinen
1954, 38 Seiten, 18 Abb., DM 8,20

HEFT 54
Professor Dr.-Ing. F. A. F. Schmidt, Aachen
Schaffung von Grundlagen für die Erhöhung der spez. Leistung und Herabsetzung des spez. Brennstoffverbrauches bei Ottomotoren mit Teilbericht über Arbeiten an einem neuen Einspritzverfahren
1954, 34 Seiten, 15 Abb., DM 7,40

HEFT 55
Forschungsgesellschaft Blechverarbeitung e. V., Düsseldorf
Chemisches Glänzen von Messing und Neusilber
1954, 50 Seiten, 21 Abb., 1 Tabelle, DM 10,20

HEFT 56
Forschungsgesellschaft Blechverarbeitung e. V., Düsseldorf
Untersuchungen über einige Probleme der Behandlung von Blechoberflächen
1954, 52 Seiten, 42 Abb., DM 11,20

HEFT 57
Prof. Dr.-Ing. F. A. F. Schmidt, Aachen
Untersuchungen zur Erforschung des Einflusses des chemischen Aufbaues des Kraftstoffes auf sein Verhalten im Motor und in Brennkammern von Gasturbinen
1954, 70 Seiten, 32 Abb., DM 14,60

HEFT 58
Gesellschaft für Kohlentechnik mbH., Dortmund
Herstellung und Untersuchung von Steinkohlenschwelteer
1954, 74 Seiten, 9 Abb., 9 Tabellen, DM 13,75

HEFT 59
Forschungsinstitut der Feuerfest-Industrie e. V., Bonn
Ein Schnellanalysenverfahren zur Bestimmung von Aluminiumoxyd, Eisenoxyd und Titanoxyd in feuerfestem Material mittels organischer Farbreagenzien auf photometrischem Wege
Untersuchungen des Alkali-Gehaltes feuerfester Stoffe mit dem Flammenphotometer nach Riehm-Lange
1954, 62 Seiten, 12 Abb., 3 Tabellen, DM 11,60

HEFT 60
Forschungsgesellschaft Blechverarbeitung e. V., Düsseldorf
Untersuchungen über das Spritzlackieren im elektrostatischen Hochspannungsfeld
1954, 82 Seiten, 53 Abb., 7 Tabellen, DM 17,—

HEFT 61
Verein zur Förderung von Forschungs- und Entwicklungsarbeiten in der Werkzeugindustrie e. V., Remscheid
Schwingungs- und Arbeitsverhalten von Kreissägeblättern für Holz
1954, 54 Seiten, 31 Abb., DM 11,40

HEFT 62
Professor Dr. W. Franz, Institut für theoretische Physik der Universität Münster
Berechnung des elektrischen Durchschlags durch feste und flüssige Isolatoren
1954, 36 Seiten, DM 7,—

HEFT 63
Textilforschungsanstalt Krefeld
Neue Methoden zur Untersuchung der Wirkungsweise von Textilhilfsmitteln
Untersuchungen über Schlichtungs- und Entschlichtungsvorgänge
1954, 34 Seiten, 1 Abb., 5 Tabellen, DM 6,80

HEFT 64
Textilforschungsanstalt Krefeld
Die Kettenlängenverteilung von hochpolymeren Faserstoffen
Über die fraktionierte Fällung von Polyamiden
1954, 44 Seiten, 13 Abb., DM 8,60

HEFT 65
Fachverband Schneidwarenindustrie, Solingen
Untersuchungen über das elektrolytische Polieren von Tafelmesserklingen aus rostfreiem Stahl
1954, 90 Seiten, 38 Abb., 9 Tabellen, DM 17,35

HEFT 66
Dr.-Ing. P. Füsgen VDI †, Düsseldorf
Untersuchungen über das Auftreten des Ratterns bei selbsthemmenden Schneckengetrieben und seine Verhütung
1954, 32 Seiten, 5 Abb., DM 6,60

HEFT 67
Heinrich Wösthoff o. H. G., Apparatebau, Bochum
Entwicklung einer chemisch-physikalischen Apparatur zur Bestimmung kleinster Kohlenoxyd-Konzentrationen
1954, 94 Seiten, 48 Abb., 2 Tabellen, DM 18,25

HEFT 68
Kohlenstoffbiologische Forschungsstation e. V., Essen
Algengroßkulturen im Sommer 1952
II. Über die unsterile Großkultur von Scenedesmus obliquus
1954, 62 Seiten, 3 Abb., 29 Tabellen, DM 11,40

HEFT 69
Wäschereiforschung Krefeld
Bestimmung des Faserabbaues bei Leinen unter besonderer Berücksichtigung der Leinengarnbleiche
1954, 48 Seiten, 15 Abb., 3 Tabellen, DM 9,60

HEFT 70
Wäschereiforschung Krefeld
Trocknen von Wäschestoffen
1954, 52 Seiten, 18 Abb., 3 Tabellen, DM 10,—

HEFT 71
Prof. Dr.-Ing. K. Leist, Aachen
Kleingasturbinen, insbesondere zum Fahrzeugantrieb
1954, 114 Seiten, 85 Abb., DM 22,—

HEFT 72
Prof. Dr.-Ing. K. Leist, Aachen
Beitrag zur Untersuchung von stehenden geraden Turbinengittern mit Hilfe von Druckverteilungsmessungen
1954, 152 Seiten, 111 Abb., DM 36,20

HEFT 73
Prof. Dr.-Ing. K. Leist, Aachen
Spannungsoptische Untersuchungen von Turbinenschaufelfüßen
1954, 66 Seiten, 46 Abb., 2 Tabellen, DM 14,60

HEFT 74
Max-Planck-Institut für Eisenforschung, Düsseldorf
Versuche zur Klärung des Umwandlungsverhaltens eines sonderkarbidbildenden Chromstahls
1954, 58 Seiten, 10 Abb., DM 14,—

HEFT 75
Max-Planck-Institut für Eisenforschung, Düsseldorf
Zeit-Temperatur-Umwandlungs-Schaubilder als Grundlage der Wärmebehandlung der Stähle
1954, 44 Seiten, 13 Abb., DM 8,70

HEFT 76
Max-Planck-Institut für Arbeitsphysiologie, Dortmund
Arbeitstechnische und arbeitsphysiologische Rationalisierung von Mauersteinen
1954, 52 Seiten, 12 Abb., 3 Tabellen, DM 10,20

HEFT 77
Meteor Apparatebau Paul Schmeck GmbH., Siegen
Entwicklung von Leuchtstoffröhren hoher Leistung
1954, 46 Seiten, 12 Abb., 2 Tabellen, DM 9,15

HEFT 78
Forschungsstelle für Acetylen, Dortmund
Über die Zustandsgleichung des gasförmigen Acetylens und das Gleichgewicht Acetylen — Aceton
1954, 42 Seiten, 3 Abb., 8 Tabellen, DM 8,—

HEFT 79
Techn.-Wissenschaftl. Büro für die Bastfaserindustrie, Bielefeld
Trocknung von Leinengarnen III
Spinnspulen- und Spinnkopstrocknung
Vorgang und Einwirkung auf die Garnqualität
1954, 74 Seiten, 18 Abb., 10 Tabellen, DM 14,—

WESTDEUTSCHER VERLAG · KÖLN UND OPLADEN

HEFT 80
Techn.-Wissenschaftl. Büro für die Bastfaserindustrie, Bielefeld
Die Verarbeitung von Leinengarn auf Webstühlen mit und ohne Oberbau
1954, 30 Seiten, 2 Abb., 2 Tabellen, DM 6,—

HEFT 81
Prüf- und Forschungsinstitut für Ziegeleierzeugnisse, Essen-Kray
Die Einführung des großformatigen Einheits-Gitterziegels im Lande Nordrhein-Westfalen
1954, 54 Seiten, 2 Abb., 2 Tabellen, DM 10,—

HEFT 82
Vereinigte Aluminium-Werke AG., Bonn
Forschungsarbeiten auf dem Gebiet der Veredelung von Aluminium-Oberflächen
1954, 46 Seiten, 34 Abb., DM 9,60

HEFT 83
Prof. Dr. S. Strugger, Münster
Über die Struktur der Proplastiden
1954, 30 Seiten, 15 Abb., DM 8,40

HEFT 84
Dr. H. Baron, Düsseldorf
Über Standardisierung von Wundtextilien
1954, 32 Seiten, DM 6,40

HEFT 85
Textilforschungsanstalt Krefeld
Physikalische Untersuchungen an Fasern, Fäden, Garnen und Geweben:
Untersuchungen am Knickscheuergerät nach Weltzien
1954, 40 Seiten, 11 Abb., 8 Tabellen, DM 10,—

HEFT 86
Prof. Dr.-Ing. H. Opitz, Aachen
Untersuchungen über das Fräsen von Baustahl sowie über den Einfluß des Gefüges auf die Zerspanbarkeit
1954, 108 Seiten, 73 Abb., 7 Tabellen, DM 22,—

HEFT 87
Gemeinschaftsausschuß Verzinken, Düsseldorf
Untersuchungen über Güte von Verzinkungen
1954, 68 Seiten, 56 Abb., 3 Tabellen, DM 15,30

HEFT 88
Gesellschaft für Kohlentechnik mbH., Dortmund-Eving
Oxydation von Steinkohle mit Salpetersäure
1954, 62 Seiten, 2 Abb., 1 Tabelle, DM 11,50

HEFT 89
Verein Deutscher Ingenieure, Gleitlagerforschung, Düsseldorf und Prof. Dr.-Ing. G. Vogelpohl, Göttingen
Versuche mit Preßstoff-Lagern für Walzwerke
1954, 70 Seiten, 34 Abb., DM 14,10

HEFT 90
Forschungs-Institut der Feuerfest-Industrie, Bonn
Das Verhalten von Silikasteinen im Siemens-Martin-Ofengewölbe
1954, 62 Seiten, 15 Abb., 11 Tabellen, DM 11,90

HEFT 91
Forschungs-Institut der Feuerfest-Industrie, Bonn
Untersuchungen des Zusammenhangs zwischen Leistung und Kohlenverbrauch von Kammeröfen zum Brennen von feuerfesten Materialien
1954, 42 Seiten, 6 Abb., DM 8,30

HEFT 92
Techn.-Wissenschaftl. Büro für die Bastfaserindustrie, Bielefeld und Laboratorium für textile Meßtechnik, M.-Gladbach
Messungen von Vorgängen am Webstuhl
1954, 76 Seiten, 45 Abb., DM 15,50

HEFT 93
Prof. Dr. W. Kast, Krefeld
Spinnversuche zur Strukturerfassung künstlicher Zellulosefasern
1954, 82 Seiten, 39 Abb., 6 Tabellen, DM 16,—

HEFT 94
Prof. Dr. G. Winter, Bonn
Die Heilpflanzen des MATTHIOLUS (1611) gegen Infektionen der Harnwege und Verunreinigung der Wunden bzw. zur Förderung der Wundheilung im Lichte der Antibiotikaforschung
1954, 58 Seiten, 1 Abb., 2 Tabellen, DM 11,50

HEFT 95
Prof. Dr. G. Winter, Bonn
Untersuchungen über die flüchtigen Antibiotika aus der Kapuziner- (Tropaeolum maius) und Gartenkresse (Lepidium sativum) und ihr Verhalten im menschlichen Körper bei Aufnahme von Kapuziner- bzw. Gartenkressensalat per os
1955, 74 Seiten, 9 Abb., 25 Tabellen, DM 14,—

HEFT 96
Dr.-Ing. P. Koch, Dortmund
Austritt von Exoelektronen aus Metalloberflächen unter Berücksichtigung der Verwendung des Effektes für die Materialprüfung
1954, 34 Seiten, 13 Abb., DM 7,—

HEFT 97
Ing. H. Stein, Laboratorium für textile Meßtechnik, M.-Gladbach
Untersuchung der Verzugsvorgänge an den Streckwerken verschiedener Spinnereimaschinen
2. Bericht: Ermittlung der Haft-Gleiteigenschaften von Faserbändern und Vorgarnen
1955, 98 Seiten, 54 Abb., DM 21,—

HEFT 98
Fachverband Gesenkschmieden, Hagen
Die Arbeitsgenauigkeit beim Gesenkschmieden unter Hämmern
1955, 132 Seiten, 55 Abb., 9 Tabellen, DM 24,75

HEFT 99
Prof. Dr.-Ing. G. Garbotz, Aachen
Der Kraft- und Arbeitsaufwand sowie die Leistungen beim Biegen von Bewehrungsstählen in Abhängigkeit von den Abmessungen, den Formen und der Güte der Stähle (Ermittlung von Leistungsrichtlinien)
1955, 136 Seiten, 53 Abb., 3 Anlagen, 18 Tabellen, DM 30,—

HEFT 100
Prof. Dr.-Ing. H. Opitz, Aachen
Untersuchungen von elektrischen Antrieben, Steuerungen und Regelungen an Werkzeugmaschinen
1955, 166 Seiten, 71 Abb., 3 Tabellen, DM 31,30

HEFT 101
Prof. Dr.-Ing. H. Opitz, Aachen
Wirtschaftlichkeitsbetrachtungen beim Außenrundschleifen
1955, 100 Seiten, 56 Abb., 3 Tabellen, DM 19,30

HEFT 102
Dr. P. Hölemann, Ing. R. Hasselmann und Ing. G. Dix, Dortmund
Untersuchungen über die thermische Zündung von explosiblen Acetylenzersetzungen in Kapillaren
1954, 44 Seiten, 5 Abb., 4 Tabellen, DM 8,60

HEFT 103
Prof. Dr. W. Weizel, Bonn
Durchführung von experimentellen Untersuchungen über den zeitlichen Ablauf von Funken in komprimierten Edelgasen sowie zu deren mathematischen Berechnung
1955, 46 Seiten, 12 Abb., DM 9,10

HEFT 104
Prof. Dr. W. Weizel, Bonn
Über den Einfluß der Elektroden auf die Eigenschaften von Cadmium-Sulfid-Widerstands-Photozellen
1955, 48 Seiten, 12 Abb., DM 9,45

HEFT 105
Dr.-Ing. R. Meldau, Harsewinkel/Westf.
Auswertung von Gekörn — Analysen des Musterstaubes „Flugasche Fortuna I“
1955, 42 Seiten, 14 Abb., DM 8,50

HEFT 106
ORR. Dr.-Ing. W. Küch, Dortmund
Untersuchungen über die Einwirkung von feuchtigkeitsgesättigter Luft auf die Festigkeit von Leimverbindungen
1954, 60 Seiten, 10 Abb., 6 Tabellen, DM 11,40

HEFT 107
Prof. Dr. H. Lange und Dipl.-Phys. P. St. Pütter, Köln
Über die Konstruktion von Laboratoriumsmagneten
1955, 66 Seiten, 19 Abb., 1 Tabelle, DM 12,30

HEFT 108
Prof. Dr. W. Fuchs, Aachen
Untersuchungen über neue Beizmethoden und Beizabwässer
I. Die Entzunderung von Drähten mit Natriumhydrid
II. Die Aufbereitung von Beizabwässern
1955, 82 S., 15 Abb., 14 Tabellen, 1 Falttafel, DM 15,25

HEFT 109
Dr. P. Hölemann und Ing. R. Hasselmann, Dortmund
Untersuchungen über die Löslichkeit von Azetylen in verschiedenen organischen Lösungsmitteln
1954, 42 Seiten, 10 Abb., 8 Tabellen, DM 8,30

HEFT 110
Dr. P. Hölemann und Ing. R. Hasselmann, Dortmund
Untersuchungen über den Druckverlauf bei der explosiblen Zersetzung von gasförmigem Azetylen
1955, 54 Seiten, 10 Abb., 5 Tabellen, DM 11,—

HEFT 111
Fachverband Steinzeugindustrie, Köln
Die Entwicklung eines Gerätes zur Beschickung seitlicher Feuer von Steinzeug-Einzelkammeröfen mit festen Brennstoffen
1955, 46 Seiten, 16 Abb., DM 9,40

HEFT 112
Prof. Dr.-Ing. H. Opitz, Aachen
Verschleißmessungen beim Drehen mit aktivierten Hartmetallwerkzeugen
1954, 44 Seiten, 17 Abb., 6 Tabellen, DM 8,80

HEFT 113
Prof. Dr. O. Graf, Dortmund
Erforschung der geistigen Ermüdung und nervösen Belastung: Studien über die vegetative 24-Stunden-Rhythmik in Ruhe und unter Belastung
1955, 40 Seiten, 12 Abb., DM 8,20

HEFT 114
Prof. Dr. O. Graf, Dortmund
Studien über Fließarbeitsprobleme an einer praxisnahen Experimentieranlage
1954, 34 Seiten, 6 Abb., DM 7,—

HEFT 115
Prof. Dr. O. Graf, Dortmund
Studium über Arbeitspausen in Betrieben bei freier und zeitgebundener Arbeit (Fließarbeit) und ihre Auswirkung auf die Leistungsfähigkeit
1955, 50 Seiten, 13 Abb., 2 Tabellen, DM 9,80

HEFT 116
Prof. Dr.-Ing. E. Siebel und Dr.-Ing. H. Weiss, Stuttgart
Untersuchungen an einigen Problemen des Tiefziehens — I. Teil
1955, 74 Seiten, 50 Abb., 5 Tabellen, DM 14,50

HEFT 117
Dr.-Ing. H. Beißwänger, Stuttgart, und Dr.-Ing. S. Schwandt, Trier
Untersuchungen an einigen Problemen des Tiefziehens — II. Teil
1955, 92 Seiten, 34 Abb., 8 Tabellen, DM 17,70

HEFT 118
Prof. Dr. E. A. Müller und Dr. H. G. Wenzel, Dortmund
Neuartige Klima-Anlage zur Erzeugung ungleicher Luft- und Strahlungstemperaturen in einem Versuchsraum
1955, 68 Seiten, 10 z. T. mehrfarb. Abb., DM 14,—

HEFT 119
Dr.-Ing. O. Viertel, Krefeld
Wäscherei- und energietechnische Untersuchung einer Gemeinschafts-Waschanlage
1955, 50 Seiten, 18 Abb., DM 10,20

HEFT 120
Dipl.-Ing. A. Weisbecker, Lüdenscheid
Über Anfressung an Reinstaluminium-Schweißnähten bei der elektrolytischen Oxydation
Gebr. Hörstermann GmbH., Velbert
Entwicklung und Erprobung eines neuartigen Gummibandförderers
1955, 46 Seiten, 18 Abb., DM 9,70

HEFT 121
Dr. H. Krebs, Bonn
I. Die Struktur und die Eigenschaften der Halbmetalle
II. Die Bestimmung der Atomverteilung in amorphen Substanzen
III. Die chemische Bindung in anorganischen Festkörpern und das Entstehen metallischer Eigenschaften
1955, 124 Seiten, 36 Abb., 13 Tabellen, DM 22,90

HEFT 122
Prof. Dr. W. Fuchs, Aachen
Untersuchungen zur Verbesserung der Wasseraufbereitung und Wasseranalyse:
Über die Schnellbewertung von Ionenaustauscher
1955, 62 Seiten, 32 Abb., DM 12,30

HEFT 123
Dipl.-Ing. J. Emondts, Aachen
Über Bodenverformungen bei stark gestörtem und mächtigem, wasserführendem Deckgebirge im Aachener Steinkohlengebiet
1955, 196 Seiten, 37 Abb., 10 Tabellen, DM 28,80

HEFT 124
Prof. Dr. R. Seyffert, Köln
Wege und Kosten der Distribution der Hausratwaren im Lande Nordrhein-Westfalen
1955, 74 Seiten, 25 Tabellen, DM 9,—

HEFT 125

Prof. Dr. E. Kappler, Münster
Eine neue Methode zur Bestimmung von Kondensations-Koeffizienten von Wasser
1955, 46 Seiten, 11 Abb., 1 Tabelle, DM 9,10

HEFT 126

Prof. Dr.-Ing. J. Mathieu, Aachen
Arbeitszeitvergleich
Grundlagen, Methodik und praktische Durchführung
1955, 70 Seiten, DM 13,—

HEFT 127

Güteschutz Betonstein e. V., Arbeitskreis Nordrhein-Westfalen, Dortmund
Die Betonwaren-Gütesicherung im Lande Nordrhein-Westfalen
1955, 58 Seiten, 15 Abb., 3 Tabellen, DM 11,50

HEFT 128

Prof. Dr. O. Schmitz-DuMont, Bonn
Untersuchungen über Reaktionen in flüssigem Ammoniak
1955, 96 Seiten, 11 Abb., 6 Tabellen, DM 17,75

HEFT 129

Prof. Dr.-Ing. J. Mathieu und Dr. C. A. Roos, Aachen
Die Anlernung von Industriearbeitern
I. Ergebnisse einer grundsätzlichen Untersuchung der gegenwärtigen Industriearbeiter-Kurzanlernung
1955, 106 Seiten, DM 19,70

HEFT 130

Prof. Dr.-Ing. J. Mathieu und Dr. C. A. Roos, Aachen
Die Anlernung von Industriearbeitern
II. Beiträge zur Methodenfrage der Kurzanlernung
1955, 108 Seiten, DM 19,90

HEFT 131

Dr. W. Hoerburger, Köln
Versuche zur Biosynthese von Eiweiß aus Kohlenwasserstoff
1955, 34 Seiten, 2 Abb., DM 6,90

HEFT 132

Prof. Dr. W. Seith, Münster
Über Diffusionserscheinungen in festen Metallen
1955, 42 Seiten, 19 Abb., 4 Tabellen, DM 9,10

HEFT 133

Prof. Dr. E. Jenckel, Aachen
Über einen für Schwermetalle selektiven Ionenaustauscher
1955, 48 Seiten, 8 Abb., 13 Tabellen, DM 9,50

HEFT 134

Prof. Dr.-Ing. H. Winterhager, Aachen
Über die elektrochemischen Grundlagen der Schmelzfluß-Elektrolyse von Bleisulfid in geschmolzenen Mischungen mit Bleichlorid
1955, 54 Seiten, 20 Abb., 5 Tabellen, DM 11,80

HEFT 135

Prof. Dr.-Ing. K. Krekeler und Dr.-Ing. H. Peukert, Aachen
Die Änderung der mechanischen Eigenschaften thermoplastischer Kunststoffe durch Warmrecken
1955, 54 Seiten, 27 Abb., DM 11,10

HEFT 136

Dipl.-Phys. P. Pilz, Remscheid
Über spezielle Probleme der Zerkleinerungstechnik von Weichstoffen
1955, 58 Seiten, 19 Abb., 2 Tabellen, DM 11,50

HEFT 137

Prof. Dr. W. Baumeister, Münster
Beiträge zur Mineralstoffernährung der Pflanzen
1955, 64 Seiten, 6 Tabellen, DM 11,80

HEFT 138

Dr. P. Hölemann und Ing. R. Hasselmann, Dortmund
Untersuchungen über die Zersetzungswärme von gasförmigem und in Azeton gelöstem Azetylen
1955, 54 Seiten, 8 Abb., 7 Tabellen, DM 10,40

HEFT 139

Prof. Dr. W. Fuchs, Aachen
Studien über die thermische Zersetzung der Kohle und die Kohlendestillatprodukte
1955, 64 Seiten, 20 Abb., 22 Tabellen, DM 11,80

HEFT 140

Dr.-Ing. G. Hausberg, Essen
Modellversuche an Zyklonen
1955, 78 Seiten, 24 Abb., DM 15,70

HEFT 141

Dr. J. van Calker und Dr. R. Wienecke, Münster
Untersuchungen über den Einfluß dritter Analysenpartner auf die spektrochemische Analyse
1955, 42 Seiten, 15 Abb., DM 9,10

HEFT 142

Dipl.-Ing. G. M. F. Wiebel, Hannover, A. Konermann und A. Ottenheym, Sennelager
Entwicklung eines Kalksandleichtsteines
1955, 38 Seiten, 4 Abb., DM 8,—

HEFT 143

Prof. Dr. F. Wever, Dr. A. Rose und Dipl.-Ing. W. Straßburg, Düsseldorf
Härtbarkeit und Umwandlungsverhalten der Stähle
1955, 50 Seiten, 12 Abb., 3 Tabellen, DM 10,70

HEFT 144

Prof. Dr. H. Wurmbach, Bonn
Steuerung von Wachstum und Formbildung
1955, 48 Seiten, 19 Abb., DM 10,30

HEFT 145

Dr. G. Hennemann, Werdohl (Westf.)
Beitrag zur Interpretation der modernen Atomphysik
1955, 34 Seiten, DM 10,—

HEFT 146

Dr.-Ing. F. Gruß, Düsseldorf
Sterilisation mit Heißluft
1955, 34 Seiten, 10 Abb., DM 7,70

HEFT 147

Dr.-Ing. W. Rudisch, Unna
Untersuchung einer drehelastischen Elektromagnet-Synchronkupplung
1955, 82 Seiten, 65 Abb., DM 17,70

HEFT 148

Prof. Dr. H. Bittel u. Dipl.-Phys. L. Storm, Münster
Untersuchungen über Widerstandsrauschen
1955, 40 Seiten, 5 Abb., DM 8,40

HEFT 149

Dipl.-Ing. K. Konopicky und Dipl.-Chem. P. Kampa, Bonn
I. Beitrag zur flammenphotometrischen Bestimmung des Calciums.
Dr.-Ing. K. Konopicky, Bonn
II. Die Wanderung von Schlackenbestandteilen in feuerfesten Baustoffen
1955, 54 Seiten, 10 Abb., 5 Tabellen, DM 11,—

HEFT 150

Prof. Dr.-Ing. O. Kienzle und Dipl.-Ing. W. Timmerbeil, Hannover
Das Durchziehen enger Kragen an ebenen Fein- und Mittelblechen
1955, 52 Seiten, 20 Abb., 8 Tabellen, DM 11,30

HEFT 151

Dipl.-Ing. P. Karabasch, Aachen
Feststellung des optimalen Gasgehaltes von Bronzen zur Erzielung druckdichter Gußstücke
1956, 64 Seiten, 31 Abb., 5 Tabellen, DM 13,90

HEFT 152

Dipl.-Ing. G. Müller, Köln
Ermittlung der Laufeigenschaften (Vergießbarkeit) von Bronze und Rotguß mittels der Schneider-Gießspirale
1955, 60 Seiten, 33 Abb., DM 13,30

HEFT 153

Prof. Dr. F. Wever, Dr.-Ing. W. A. Fischer und Dipl.-Ing. J. Engelbrecht, Düsseldorf
I. Die Reduktion sauerstoffhaltiger Eisenschmelzen im Hochvakuum mit Wasserstoff und Kohlenstoff
II. Einfluß geringer Sauerstoffgehalte auf das Gefüge und Alterungsverhalten von Reineisen
1955, 54 Seiten, 15 Abb., 2 Tabellen, DM 12,40

HEFT 154

Prof. Dr.-Ing. P. Bardenheuer und Dr.-Ing. W. A. Fischer, Düsseldorf
Die Verschlackung von Titan aus Stahlschmelzen im sauren und basischen Hochfrequenzofen unter verschiedenen Schlacken
1955, 36 Seiten, 10 Abb., 1 Tabelle, DM 7,95

HEFT 155

Dipl.-Phys. K. H. Schirmer, München
Die auf Grau abgestimmte Farbwiedergabe im Dreifarbenbuchdruck
1955, 46 Seiten, 17 Abb., 2 Farbtafeln, DM 10,—

HEFT 156

Prof. Dr.-Ing. B. von Borries und Mitarbeiter, Düsseldorf
Die Entwicklung regelbarer permanentmagnetischer Elektronenlinsen hoher Brechkraft und eines mit ihnen ausgerüsteten Elektronenmikroskopes neuer Bauart
1956, 102 Seiten, 52 Abb., DM 22,55

HEFT 157

Dr. W. Jawtusch, Dr. G. Schuster und Prof. Dr.-Ing. R. Jaeckel, Bonn
Untersuchungen über die Stoßvorgänge zwischen neutralen Atomen und Molekülen
1955, 48 Seiten, 15 Abb., 3 Tabellen, DM 10,50

HEFT 158

Dipl.-Ing. W. Rosenkranz, Meinerzhagen
Ein Beitrag zum Problem der Spannungskorrosion bei Preßprofilen und Preßteilen aus Aluminium-Legierungen
1956, 112 Seiten, 61 Abb., 5 Tabellen, DM 27,40

HEFT 159

Dr.-Ing. O. Viertel und O. Oldenroth, Krefeld
Das Bleichen von Weißwäsche mit Wasserstoffsuperoxyd bzw. Natriumhypochlorit beim maschinellen Waschen
1955, 54 Seiten, 23 Abb., 2 Tabellen, DM 11,45

HEFT 160

Prof. Dr. W. Klemm, Münster
Über neue Sauerstoff- und Fluor-haltige Komplexe
1955, 50 Seiten, 13 Abb., 7 Tabellen, DM 10,80

HEFT 161

Prof. Dr. W. Weltzien und Dr. G. Hauschild, Krefeld
Über Silikone und ihre Anwendung in der Textilveredlung
1955, 162 Seiten, 22 Abb., 10 Tabellen, DM 27,—

HEFT 162

Prof. Dr. F. Wever, Prof. Dr. A. Kochendörfer und Dr.-Ing. Chr. Rohrbach, Düsseldorf
Kennzeichnung der Sprödbruchneigung von Stählen durch Messung der Fließspannung, Reißspannung und Brucheinschnürung an dreiachsig beanspruchten Proben *1955, 58 Seiten, 26 Abb., DM 13,—*

HEFT 163

Dipl.-Ing. W. Rohs und Text.-Ing. H. Griese, Bielefeld
Untersuchungsarbeiten zur Verbesserung des Leinenwebstuhls III
1955, 80 Seiten, 15 Abb., 18 Tabellen, DM 15,80

HEFT 164

Dr.-Ing. H. Schmachtenberg, Köln
Neuartige Prüfeinrichtungen für Kraftfahrzeuge
1955, 44 Seiten, 23 Abb., DM 9,60

HEFT 165

Dr.-Ing. W. Wilhelm, Aachen
Instationäre Gasströmung im Auspuffsystem eines Zweitaktmotors
1955, 62 Seiten, 31 Abb., 8 Tabellen, DM 13,60

HEFT 166

Prof. Dr. M. v. Stackelberg, Dr. H. Heindze, Dr. H. Hübschke und Dr. K. H. Frangen, Bonn
Kolloidchemische Untersuchungen
1955, 106 Seiten, 8 Abb., 13 Tabellen, DM 21,25

HEFT 167

Prof. Dr.-Ing. F. Schuster, Essen
I. Über die Heißkarburierung von Brenngasen mit Ölen und Teeren
II. Die Strahlungsvorgänge in brennstoffbeheizten Öfen bei verschiedenen Verbrennungsatmosphären
1955, 38 Seiten, 8 Abb., DM 8,30

HEFT 168

Prof. Dr.-Ing. F. Schuster, Essen
I. Luftvorwärmung an Gasfeuerungen
II. Heizwerthöhe von Brenngasen und Wirkungsgrad sowie Gasverbrauch bei der Gasverwendung
III. Sauerstoffangereicherte Luft und feuerungstechnische Kenngrößen von Brenngasen
1955, 60 Seiten, 18 Abb., DM 12,50

HEFT 169

Forschungsinstitut für Pigmente und Lacke, Stuttgart
Arbeiten über die Bestimmung des Gebrauchswertes von Lackfilmen durch physikalische Prüfungen
1955, 70 Seiten, 23 Abb., 4 Tabellen, DM 15,—

HEFT 170

Prof. Dr. F. Wever, Dr. A. Rose und Dipl.-Ing L. Rademacher, Düsseldorf
Anwendung der Umwandlungsschaubilder auf Fragen der Werkstoffauswahl beim Schweißen und Flammhärten *1955, 64 Seiten, 25 Abb., DM 13,70*

WESTDEUTSCHER VERLAG · KÖLN UND OPLADEN

HEFT 171

Wäschereiforschung Krefeld

Untersuchung der Wäscheentwässerung mit Hilfe von Zentrifugen und Pressen

1955, 42 Seiten, 16 Abb., 4 Tabellen, DM 9,70

HEFT 172

Dipl.-Ing. W. Rohs, Dr.-Ing. G. Satlow und Text.-Ing. G. Heller, Bielefeld

Trocknung von Hanfgarnen. Kreuzspultrocknung

1955, 60 Seiten, 7 Abb., 4 Tabellen, DM 10,30

HEFT 173

Prof. Dr. R. Hosemann und Dipl.-Phys. G. Schoknecht, Berlin, vorgelegt von Prof. Dr. W. Kast, Krefeld

Lichtoptische Herstellung und Diskussion der Faltungsquadrate parakristalliner Gitter

1956, 108 Seiten, 63 Abb., 6 Tabellen, DM 24,70

HEFT 174

Prof. Dr. W. von Fragstein, Dr. J. Meingast und H. Hoch, Köln

Herstellung von Solen einheitlicher Teilchengröße und Ermittlung ihrer optischen Eigenschaften

1955, 78 Seiten, 80 Abb., 4 Tabellen, DM 18,25

HEFT 175

Dr.-Ing. H. Zeller, Aachen

Beitrag zur eindimensionalen stationären und nichtstationären Gasströmung mit Reibung und Wärmeleitung, insbesondere in Rohren mit unstetigen Querschnittsänderungen.

1956, 138 Seiten, 56 Abb., DM 29,30

HEFT 176

Dipl.-Ing. H. Schöberl, Duisburg

Über die Methoden zur Ermittlung der Verbrennungstemperatur von Brennstoffen und ein Vorschlag zu ihrer Verbesserung

1955, 30 Seiten, 3 Abb., DM 6,50

HEFT 177

Dipl.-Ing. H. Stüdemann, Solingen, und Dr.-Ing. W. Müchler, Essen

Entwicklung eines Verfahrens zur zahlenmäßigen Bestimmung der Schneideigenschaften von Messerklingen

1956, 104 Seiten, 68 Abb., 4 Tabellen, DM 22,20

HEFT 178

Prof. Dr. M. von Stackelberg u. Dr. W. Hans, Bonn

Untersuchungen zur Ausarbeitung und Verbesserung von polarographischen Analysenmethoden

1955, 46 Seiten, 14 Abb., DM 10,50

HEFT 179

Dipl.-Ing. H. F. Reineke, Bochum

Entwicklungsarbeiten auf dem Gebiete der Meß- und Regeltechnik

1955, 46 Seiten, 10 Abb., DM 10,—

HEFT 180

Dr.-Ing. W. Piepenburg, Dipl.-Ing. B. Bühling und Bauing. J. Behnke, Köln

Putzarbeiten im Hochbau und Versuche mit aktiviertem Mörtel und mechanischem Mörtelauftrag

1955, 116 Seiten, 31 Abb., 68 Tabellen, DM 23,—

HEFT 181

Prof. Dr. W. Franz, Münster

Theorie der elektrischen Leitvorgänge in Halbleitern und isolierenden Festkörpern bei hohen elektrischen Feldern

1955, 28 Seiten, 2 Abb., 1 Tabelle, DM 6,20

HEFT 182

Dr.-Ing. P. Schenk u. Dr. K. Osterloh, Düsseldorf

Katalytisch-thermische Spaltung von gasförmigen und flüssigen Kohlenwasserstoffen zur Spitzengaserzeugung

1955, 50 Seiten, 11 Abb., 11 Tabellen, DM 10,90

HEFT 183

Dr. W. Bornheim, Köln

Entwicklungsarbeiten an Flaschen- und Ampullen-Behandlungsmaschinen für die pharmazeutische Industrie

1956, 48 Seiten, 24 Abb., DM 11,70

HEFT 184

Dr.-Ing. E. Printz, Kettwig

Vollhydraulische Parallel-Kupplung für Ackerschlepper

1955, 32 Seiten, 4 Abb., DM 7,80

HEFT 185

Dipl.-Ing. W. Rohs und Text.-Ing. G. Heller, Bielefeld

Studien an einem neuzeitlichen Kreuzspultrockner für Bastfasergarne mit Wiederbefeuchtungszone

1955, 52 Seiten, 9 Abb., 3 Tabellen, DM 10,70

HEFT 186

Dr. E. Wedekind, Krefeld

Untersuchungen zur Arbeitsbestgestaltung bei der Fertigstellung von Oberhemden in gewerblichen Wäschereien *1955, 124 Seiten, 28 Abb., 6 Tabellen, 2 Falttaf., DM 12,—*

HEFT 187

Dipl.-Ing. F. Göttgens, Essen

Über die Eigenarten der Bimetall-, Thermo- und Flammenionisationssicherungsmethode in ihrer Anwendung auf Zündsicherungen

1955, 40 Seiten, 6 Abb., 4 Tabellen, DM 8,40

HEFT 188

W. Kinnebrock, Langenberg (Rhld.)

Der Einfluß des Austausches gleicher Gaskochbrenner bzw. Gaskochbrennerteile auf den Wirkungsgrad und insbesondere auf den CO-Gehalt der Verbrennungsgase

1955, 42 Seiten, 7 Tabellen, DM 8,70

HEFT 189

Fa. E. Leybold's Nachfolger, Köln

I. Ausgewählte Kapitel aus der Vakuumtechnik

II. Zum Verlust anorganisch-nichtflüchtiger Substanzen während der Gefriertrocknung

1955, 52 Seiten, 16 Abb., 3 Tabellen, DM 11,20

HEFT 190

Prof. Dr. A. Neuhaus, Prof. Dr. O. Schmitz-DuMont und Dipl.-Chem. H. Reckhard, Bonn

Zur Kenntnis der Alkalititanate

1955, 60 Seiten, 13 Abb., 1 Tabelle, DM 12,20

HEFT 191

Dr. H. Söhngen, Darmstadt

Schwingungsverhalten eines Schaufelkranzes im Vakuum *1955, 36 Seiten, 7 Abb., DM 7,80*

HEFT 192

Dipl.-Phys. E. M. Schneider, München

Kohlebogenlampen für Aufnahme und Kopie

1955, 48 Seiten, 21 Abb., 3 Tabellen, DM 10,60

HEFT 193

Prof. Dr. O. Schmitz-DuMont, Bonn

Untersuchungen über neue Pigmentfarbstoffe

1956, 50 Seiten, 16 Abb., 8 Tabellen, DM 11,20

HEFT 194

Dr. K. Hecht, Köln

Entwicklung neuartiger physikalischer Unterrichtsgeräte *1955, 42 Seiten, 16 Abb., DM 9,90*

HEFT 195

Dr.-Ing. E. Rößger, Köln

Gedanken über einen neuen deutschen Luftverkehr

1955, 342 Seiten, 29 Abb., 122 Tabellen, DM 50,—

HEFT 196

Dipl.-Ing. W. Rohs und Text.-Ing. H. Griese, Bielefeld

Auswirkungen von Garnfehlern bei der Verarbeitung von Leinengarnen

1955, 36 Seiten, 3 Abb., 6 Tabellen, DM 7,80

HEFT 197

Dr. E. Wedekind, Krefeld

Untersuchungen zur Bestimmung der optimalen Arbeitsplatzgröße bei Mehrstuhlarbeit in der Weberei

1955, 92 Seiten, 34 Abb., DM 18,50

HEFT 198

Prof. Dr. J. Weissinger, Karlsruhe

Zur Aerodynamik des Ringflügels. Die Druckverteilung dünner, fast drehsymmetrischer Flügel in Unterschallströmung *1955, 42 Seiten, 5 Abb., DM 9,—*

HEFT 199

Textilforschungsanstalt Krefeld

Die Messung von Gewebetemperaturen mittels Temperaturstrahlung

1955, 50 Seiten, 12 Abb., DM 10,90

HEFT 200

R. Seipenbusch, Langenberg (Rhld.)

Spitzengas durch Zusatz von Flüssiggas-Wassergas- und Flüssiggas-Generatorgas-Gemischen zu Stadtgas

1955, 48 Seiten, 21 Tabellen, DM 10,35

HEFT 201

Dr.-Ing. E. W. Pleines, Frankfurt/Main

Die Sicherheit im Luftverkehr

1956, 194 Seiten, 39 Abb., 19 Tabellen, DM 39,50

HEFT 202

Dipl.-Ing. D. Fiecke, Stuttgart/Zuffenhausen

Die Bestimmung der Flugzeugpolaren für Entwurfszwecke. I Teil: Unterlagen

1956, 216 Seiten, 171 Diagr., DM 59,70

HEFT 203

Dr. G. Wandel, Bonn

Uferbewachsung und Lebendverbauung an den Nordwestdeutschen Kanälen und ihren Zuflüssen sowie an der Ruhr *1956, 122 Seiten, 88 Abb., DM 25,70*

HEFT 204

Dipl.-Ing. B. Naendorf, Langenberg (Rhld.)

Bestimmung der Brenneigenschaften und des Brennverhaltens verschiedener Gasarten und Einfluß verschiedener Düsengestaltung

1955, 32 Seiten, DM 7,10

HEFT 205

Dr. C. Schaarwächter, Düsseldorf

Über plastische Kupfer-Eisen-Phosphor-Legierungen

1936, 36 Seiten, 10 Abb., 10 Tabellen, DM 8,30

HEFT 206

Dr. P. Hölemann, Ing. R. Hasselmann und Ing. G. Dix, Dortmund

Untersuchungen über die Vorgänge bei der Zersetzung von in Azeton gelöstem Azetylen

1956, 74 Seiten, 7 Abb., 7 Tabellen, DM 15,55

HEFT 207

Prof. Dr.-Ing. H. Opitz, Dipl.-Ing. K. H. Fröhlich und Dipl.-Ing. H. Siebel, Aachen

Richtwerte für das Fräsen von unlegierten und legierten Baustählen mit Hartmetall. I. Teil

1956, 48 Seiten, 27 Abb., 3 Tabellen, DM 11,10

HEFT 208

Prof. Dr.-Ing. H. Müller, Essen

Untersuchung von Elektrowärmegeräten für Laienbedienung hinsichtlich Sicherheit und Gebrauchsfähigkeit. I. Untersuchungen an Kochplatten

1956, 100 Seiten, 76 Abb., 7 Tabellen, DM 22,70

HEFT 209

Dr. K. Bunge, Leverkusen

Materialabbau in Funkenentladungen. Untersuchungen an Zinkkathoden

1956, 54 Seiten, 10 Abb., 5 Tabellen, DM 11,40

HEFT 210

Dr. W. Porschen und Prof. Dr. W. Riezler, Bonn

Langlebige Alphaaktivitäten bei natürlichen Elementen

1955, 40 Seiten, 5 Abb., 4 Tabellen, DM 8,80

HEFT 211

Prof. Dipl.-Ing. W. Sturtzel und Dr.-Ing. W. Graff, Duisburg

Die Versuchsanstalt für Binnenschiffbau, Duisburg

1956, 48 Seiten, 22 Abb., 11,—

HEFT 212

Dipl.-Ing. H. Spodig, Selm

Untersuchung zur Anwendung der Dauermagnete in der Technik *1955, 44 Seiten, 25 Abb., DM 9,80*

HEFT 213

Dipl.-Ing. K. F. Rittinghaus, Aachen

Zusammenstellung eines Meßwagens für Bau- und Raumakustik

1957, 96 Seiten 17 Abb., 7 Tabellen DM 19,80

HEFT 214

Dr.-Ing. J. Endres, München

Berechnung der optimalen Leistungen, Kraftstoffverbräuche und Wirkungsgrade von Einkreis-Turbolader-Strahltriebwerken am Boden und in der Höhe bei Fluggeschwindigkeiten von 0—2000 km/h

1956, 72 Seiten, 18 Abb., 8 Tabellen, DM 15,40

HEFT 215

Prof. Dr.-Ing. H. Opitz und Dr.-Ing. G. Weber, Aachen

Einfluß der Wärmebehandlung von Baustählen auf Spanentstehung, Schnittkraft- und Standzeitverhalten

1956, 80 Seiten, 30 Abb., 10 Tabellen, DM 18,40

HEFT 216

Dr. E. Kloth, Köln

Untersuchungen über die Ausbreitung kurzer Schallimpulse bei der Materialprüfung mit Ultraschall

1956, 90 Seiten, 60 Abb., 4 Tabellen, DM 19,40

HEFT 217

Rationalisierungskuratorium der Deutschen Wirtschaft (RKW), Frankfurt/Main

Typenvielzahl bei Haushaltgeräten und Möglichkeiten einer Beschränkung

1956, 328 Seiten, 2 Abb., 181 Tabellen, DM 49,50

HEFT 218

Dr. F. Keune, Aachen

Bericht über eine Theorie der Strömung um Rotationskörper ohne Anstellung bei Machzahl Eins

1955, 40 Seiten, 8 Abb., 5 Formelblätter, DM 8,80

HEFT 219
Prof. Dr. W. Fuchs, Aachen
Untersuchungen zur Holzabfallverwertung und zur Chemie des Lignins
1955, 54 Seiten, 11 Abb., 15 Tabellen DM 11,40

HEFT 220
Prof. Dr. W. Fuchs, Aachen
Die Entwicklung neuer Regel- und Kontroll-Apparate zur coulometrischen Analyse
1956, 76 Seiten, 17 Abb. 23 Tabellen, DM 15,50

HEFT 221
Dr. W. Meyer-Eppler, Bonn
Experimentelle Untersuchungen zum Mechanismus von Stimme und Gehör in der lautsprachlichen Kommunikation *1955, 56 Seiten, 24 Abb., DM 13,45*

HEFT 222
Dr. L. Köllner, Münster, und Dipl.-Volkswirt M. Kaiser, Bochum
Die internationale Wettbewerbsfähigkeit der westdeutschen Wollindustrie *1956, 214 Seiten, DM 39,50*

HEFT 223
Dr.-Ing. K. Alberti und Dr. F. Schwarz, Köln
Über das Problem Hartbrand-Weichbrand
1956, 54 Seiten, 25 Abb., 14 Tabellen, DM 12,10

HEFT 224
Dipl.-Ing. H. Stüdemann und Ing. R. Beu, Solingen
Verfahren zur Prüfung der Korrosionsbeständigkeit von Messerklingen aus rostfreiem Stahl
1956, 82 Seiten, 28 Abb., DM 16,90

HEFT 225
Dr.-Ing. E. Barz, Remscheid
Der Spannungszustand von Gattersägeblättern
1956, 74 Seiten, 54 Abb., DM 16,50

HEFT 226
Technisch-wissenschaftliches Büro für die Bastfaserindustrie, Bielefeld
Untersuchungen zur Verbesserung des Leinenwebstuhles IV
Die Wirkung verschiedener Kettbaumbremsen auf die Verwebung von Leinengarnen
1956, 64 Seiten, 9 Abb., 4 Tabellen, DM 13,50

HEFT 227
Prof. Dr. F. Wever, Düsseldorf und Dr. W. Wepner, Köln
Untersuchung der Alterungsneigung von weichen unlegierten Stählen durch Härteprüfung bei Temperaturen bis 300 Grad C
1956, 34 Seiten, 20 Abb., 3 Tabellen, DM 7,95

HEFT 228
Prof. Dr. F. Wever, Dr. W. Koch, Düsseldorf, und Dr. B. A. Steinkopf, Dortmund
Spektrochemische Grundlagen der Analyse von Gemischen aus Kohlenmonoxyd, Wasserstoff und Stickstoff *1956, 42 Seiten, 18 Abb., 1 Tabelle, DM 9,90*

HEFT 229
Prof. Dr. F. Wever, Dr. W. Koch und Dr.-Ing. H. Malissa, Düsseldorf
Über die Anwendung disubstituierter Dithiocarbamate der analytischen Chemie
1956, 44 Seiten, 30 Abb., 5 Tabellen, DM 10,50

HEFT 230
Prof. Dr. F. Wever, Düsseldorf, und Dr. W. Wepner, Köln
Bestimmung kleiner Kohlenstoffgehalte im Alpha-Eisen durch Dämpfungsmessung
1956, 34 Seiten, 5 Abb., 2 Tabellen, DM 7,70

HEFT 231
Dr.-Ing. W. Küch, Dortmund
Über die Wechselwirkung zwischen Holzschutzbehandlung und Verleimung
1956, 48 Seiten, 10 Abb., 8 Tabellen, DM 10,40

HEFT 232
Prof. Dr.-Ing. O. Kienzle, Hannover, und Dr.-Ing. H. Münnich, Schweinfurt
Feststellung der Spannungen und Dehnungen und Bruchdrehzahlen der unter Fliehkraft und Bearbeitungskraft beanspruchten Schleifkörper
in Vorbereitung

HEFT 233
Dr. H. Haase, Hamburg
Infrarot-Bibliographie *1956, 90 Seiten, DM 17,80*

HEFT 234
Dr.-Ing. K. G. Speith und Dr.-Ing. A. Bungeroth, Duisburg
Versuche zur Steigerung des Kokillen-Schluckvermögens beim Stranggießen von Stahl
1956, 26 Seiten, 5 Abb., DM 6,15

HEFT 235
Prof. Dr.-Ing. K. Leist und Dipl.-Ing. W. Dettmering, Aachen
Turbinenschaufeln aus Kunststoff für Kaltluftversuchsanlagen
1956, 46 Seiten, 43 Abb., 3 Tabellen, DM 12,30

HEFT 236
Dr.-Ing. O. Viertel und S. Lucas, Krefeld
Ergebnisse einer Hausfrauenbefragung über Wascheinrichtungen und Waschmethoden in städtischen Haushaltungen
1956, 34 Seiten, 4 Abb., DM 7,60

HEFT 237
Dr. P. Endler und Dr. H. Ludes, Köln
Bericht über eine Studienreise zur Orientierung der heutigen Behandlung der Lungentuberkulose in den Vereinigten Staaten von Nordamerika
1956, 32 Seiten, DM 7,10

HEFT 238
Institut für textile Meßtechnik, M.-Gladbach, e. V.
Untersuchungen der Verzugsvorgänge an den Streckwerken verschiedener Spinnereimaschinen. 3. Bericht: Theoretische Betrachtungen über den Einfluß schlagender Zylinder und Druckrollen
1956, 66 Seiten, 21 Abb., DM 14,10

HEFT 239
Prof. Dr.-Ing. K. Leist, Dipl.-Ing. H. Scheele, Aachen, und Dipl.-Ing. F. H. Flottmann, Herne
Versuche an einem neuartigen luftgekühlten Hochleistungs-Kolbenkompressor
1956, 72 Seiten, 19 Abb., 7 Tabellen, DM 14,40

HEFT 240
Prof. Dr.-Ing. K. Leist und Dipl.-Ing. H. Scheele, Aachen
Temperaturmessungen an einem einstufigen luftgekühlten 4-Zylinder-Kolbenkompressor mit Kühlgebläse *1956, 74 Seiten, 36 Abb., DM 14,80*

HEFT 241
Prof. Dr.-Ing. K. Leist und Dipl.-Ing. M. Pötke, Aachen
Leistungsversuche an einem Kühlluftgebläse
1956, 60 Seiten, 13 Abb., DM 11,70

HEFT 242
Prof. Dr.-Ing. K. Leist und Dipl.-Ing. K. Graf, Aachen
Straßenfahrzeuge mit Gasturbinenantrieb
1956, 82 Seiten, 63 Abb., DM 17,20

HEFT 243
Prof. Dr.-Ing. K. Leist und Dipl.-Ing. S. Förster, Aachen
Die französische Kleingasturbine Artouste — 1. Teil
1956, 80 Seiten, 41 Abb., DM 15,85

HEFT 244
Prof. Dr. F. Wever, Dr. W. Koch und Dr. S. Eckhard, Düsseldorf
Erfahrungen mit der spektrochemischen Analyse von Gefügebestandteilen des Stahles
1956, 32 Seiten, 8 Abb., 2 Tabellen, DM 7,80

HEFT 245
Prof. Dr.-Ing. habil. K. Krekeler, Aachen
Das Verbinden von Metallen durch Kunstharzkleber. Teil I: Eigenschaften und Verwendung der Metallklebstoffe *1956, 48 Seiten, 8 Abb., DM 10,25*

HEFT 246
Prof. Dr.-Ing. habil. K. Krekeler, Aachen
Das Verbinden von Metallen durch Kunstharzkleber. Teil II: Untersuchungen an geklebten Leichtmetall-Verbindungen *1956, 80 Seiten, 40 Abb., DM 17,50*

HEFT 247
Dr. H. Söhngen, Darmstadt
Strömung vor einem Überschall-Laufrad
1956, 26 Seiten, 4 Abb., DM 7,60

HEFT 248
Rheinische Aktiengesellschaft für Braunkohlenbergbau und Brikettfabrikation, Köln
Untersuchung der Bindemitteleigenschaften von Braunkohlenfilteraschen
1956, 176 Seiten, 26 Abb., 30 Tabellen, DM 35,60

HEFT 249
Dr. M.-E. Meffert, Essen
Weitere Kulturversuche Scenedesmus obliquus
1956, 36 Seiten, 5 Abb., 10 Tabellen, DM 8,—

HEFT 250
Dr. F. Schwarz und Dr.-Ing. K. Alberti, Köln
Entwicklung von Untersuchungsverfahren zur Gütebeurteilung von Industriekalken
1956, 36 Seiten, 9 Abb., DM 16,50

HEFT 251
Prof. Dr. H. Bittel, Münster
Zur Statistik der ferromagnetischen Elementarvorgänge und ihren Einfluß auf das Barkhausenrauschen
1956, 52 Seiten, 14 Abb., DM 11,65

HEFT 252
Dipl.-Ing. H. Frings, Geilenkirchen
Die Wirkung abfallender Wetterführung auf Wettertemperatur, Grubengasgehalt und Staubbildung
1957, 126 Seiten, 23 Abb., 13 Falttafeln, 38 Tab., DM 35,70

HEFT 253
Dipl.-Ing. S. Schirmanski, Berghausen
Stand und Auswertung der Forschungsarbeiten über Temperatur- und Feuchtigkeitsgrenzen bei der bergmännischen Arbeit
1957, 80 Seiten, 24 Abb., 12 Tab., DM 17,10

HEFT 254
Prof. Dr. R. Danneel, Bonn
Quantitative Untersuchungen über die Entwicklung des Ehrlich-Ascitestumors bei Inzuchtmäusen
1956, 52 Seiten, 17 Tabellen, DM 11,75

HEFT 255
Ing. B. v. Schlippe, Bad Nauheim
Strömung von Flüssigkeiten mit temperaturabhängiger Zähigkeit (Kühlung von Öfen)
1956, 54 Seiten, 12 Abb., 4 Tabellen, DM 11,70

HEFT 256
Prof. Dr. C. Schmieden und Dipl.-Math. K. H. Müller, Darmstadt
Die Strömung einer Quellstrecke im Halbraum — eine strenge Lösung der Navier-Stokes-Gleichungen
1956, 40 Seiten, 9 Abb., DM 8,80

HEFT 257
Prof. Dr. G. Lehmann und Dr. J. Tamm, Dortmund
Die Beeinflussung vegetativer Funktionen des Menschen durch Geräusche
1956, 48 Seiten, 25 Abb., 3 Tabellen, DM 11,20

HEFT 258
Dr. H. Paul, Linz (Rhein), und Prof. Dr. O. Graf, Dortmund
Zur Frage der Unfälle im Bergbau
1956, 52 Seiten, 9 Abb., 22 Tabellen, DM 11,20

HEFT 259
Prof. D. W. Linke, Aachen
Strömungsvorgänge in künstlich belüfteten Räumen
1956, 52 Seiten, 37 Abb., 1 Tabelle, DM 11,80

HEFT 260
Prof. Dr. W. Kast, Freiburg (Br.), Prof. Dr. A. H. Stuart und Dipl.-Phys. H. G. Fendler, Hannover
Lichtzerstreuungsmessungen an Lösungen hochpolymerer Stoffe
1956, 70 Seiten, 25 Abb., 5 Tabellen, DM 15,60

HEFT 261
Prof. Dr. W. Kast, Freiburg (Br.)
Feinstruktur-Untersuchungen an künstlichen Zellulosefasern verschiedener Herstellungsverfahren.
Teil II: Der Kristallisationszustand
1956, 80 Seiten, 27 Abb., 11 Tabellen, DM 17,20

HEFT 262
Dr.-Ing. W. Batel, Aachen
Untersuchungen zur Absiebung feuchter, feinkörniger Haufwerke und Schwingsieben
1956, 100 Seiten, 45 Abb., 5 Tabellen, DM 23,40

HEFT 263
Prof. Dr. H. Lange und Dipl.-Phys. R. Kohlhaas, Köln
Über die Wärmeleitfähigkeit von Stählen bei hohen Temperaturen: Teil I: Literaturbericht
1956, 48 Seiten, 26 Abb., 8 Tabellen, DM 10,70

HEFT 264
Prof. Dr. W. Weizel, Bonn
Durch schnelle Funkenzusammenbrüche ausgelöste Signale auf einer Leitung
1956, 26 Seiten, 4 Abb., 3 Tabellen, DM 6,10

HEFT 265
Prof. Dr. F. Micheel und Dr. R. Engel, Münster
Eine Apparatur zur elektrophoretischen Trennung von Stoffgemischen
1956, 38 Seiten, 21 Abb., DM 9,20

HEFT 266
Fliesen-Beratungsstelle Bad Godesberg-Mehlem
Güteeigenschaften keramischer Wand- und Bodenfliesen und deren Prüfmethoden
1956, 32 Seiten, DM 7,10

HEFT 267
Prof. Dr. W. Weizel und B. Brandt, Bonn
Zur Stabilität stromstarker Glimmentladungen
1956, 36 Seiten, 7 Abb., DM 8,40

HEFT 268
Prof. Dr.-Ing. G. Vogelpohl, Göttingen
Über die Tragfähigkeit von Gleitlagern und ihre Berechnung
1956, 76 Seiten, 24 Abb., 7 Tabellen, DM 16,85

HEFT 269
Markscheider R. Bals, Bochum
Eignung des Gebirgsankerausbaus zur Erleichterung des Streckenvortriebs im Steinkohlenbergbau
1956, 84 Seiten, 41 Abb., DM 18,75

HEFT 270
Dr. H. Krebs und Mitarbeiter, Bonn
Die Trennung von Racematen auf chromatographischem Wege
1956, 62 Seiten, 18 Tabellen, DM 12,95

HEFT 271
Prof. Dr.-Ing. H. Opitz und Dipl.-Ing. H. Axer, Aachen
Beeinflussung des Verschleißverhaltens bei spanenden Werkzeugen durch flüssige und gasförmige Kühlmittel und elektrische Maßnahmen
1956, 46 Seiten, 28 Abb., DM 10,70

HEFT 272
Prof. Dr. W. Fuchs und Dr. H. Dresia, Aachen
Untersuchungen über die Schnellverbrennung und Schnellvergasung fester Brennstoffe
1956, 56 Seiten, 14 Abb., 3 Tabellen, DM 11,90

HEFT 273
Fa. K. W. Tacke G.m.b.H., Wuppertal-Barmen
Erfahrungen beim Verspinnen von Perlonfasern und bei der Herstellung von Trikotagen aus gesponnenem Perlon
1956, 36 Seiten, DM 7,90

HEFT 274
Prof. Dr.-Ing. K. Krekeler, Aachen
Qualitative Untersuchungen bei Verbindungsschweißungen mittels Lichtbogenschweißautomaten unter Verwendung von Blankdraht und Zugabe von ferromagnetischem Pulver als Umhüllung
1956, 68 Seiten, 40 Abb., 8 Tabellen, DM 15,45

HEFT 275
Prof. Dr.-Ing. habil. K. Krekeler, Aachen, und Dipl.-Ing. H. Verhoeven, Aachen
Quantitative Untersuchungen von Punktschweißverbindungen an Tiefzieh- und Aluminiumblechen, die nach dem Argonarc-Punktschweißverfahren hergestellt werden
1956, 64 Seiten, 45 Abb., DM 14,60

HEFT 276
Fa. E. Haage, Mülheim (Ruhr)
Entwicklungsarbeiten im Apparatebau für Laboratorien
1956, 48 Seiten, 18 Abb., DM 10,50

HEFT 277
Dr.-Ing. W. Müchler, Essen
Untersuchung und zahlenmäßige Bestimmung der Schneideigenschaften von Messern mit besonderer Berücksichtigung rostfreier Messerstähle
1956, 60 Seiten, 27 Abb., 5 Tabellen, DM 13,20

HEFT 278
Dipl.-Ing. J. Stelter und Dipl.-Ing. H. Kickert, Aachen
I. Sichtbarmachung von Ultraschallfeldern unter Verwendung photographischer Emulsionsschichten
II. Methode zur Bestimmung der wirklichen Temperaturverhältnisse in Flüssigkeiten während der Beschallung (Nach einer Diplom-Arbeit von H. Schnitzler)
1956, 54 Seiten, 24 Abb., DM 12,75

HEFT 279
Dr. F. Keune, Aachen
Der gewölbte und verwundene Tragflügel ohne Dicke in Schallnähe
1956, 42 Seiten, 15 Abb., DM 9,25

HEFT 280
Dipl.-Ing. J. Stelter und Dipl.-Ing. E. Pfende, Aachen
Über Störerscheinungen bei Schallgeschwindigkeitsmessungen mittels der Interferometermethode
1956, 42 Seiten, 13 Abb., DM 9,60

HEFT 281
Prof. Dr.-Ing. K. Lürenbaum, Aachen
Der Meßwagen des Instituts für Maschinen-Dynamik der Deutschen Versuchsanstalt für Luftfahrt, Aachen
1956, 34 Seiten, 17 Abb., DM 8,60

HEFT 282
Bergrat a. D. Scherer, Bochum
Das B. T.-Schwelverfahren und seine Anwendung auf der Anlage Marienau
1956, 44 Seiten, 7 Abb., DM 9,60

HEFT 283
Prof. Dr. F. Wever und Dr.-Ing. W. Lueg, Düsseldorf
Warmstauchversuche zur Ermittlung der Formänderungsfestigkeit von Gesenkschmiede-Stählen
1956, 44 Seiten, 19 Abb., DM 9,90

Heft 284
Prof. Dr. F. Wever, Düsseldorf, Dr.-Ing. H. J. Wiester, Essen, Dr.-Ing. F. W. Straßburg, Duisburg, Prof. Dr.-Ing. H. Opitz, Aachen, und Dr.-Ing. K. H. Fröhlich, Köln
Einfluß des Gefüges auf die Zerspanbarkeit von Einsatz- und Vergütungsstählen
1957, 88 Seiten, 126 Abb., 11 Tab., DM 22,45

HEFT 285
Prof. Dr.-Ing. O. Kienzle, Dr.-Ing. K. Lange, Hannover, und Dipl.-Ing. H. Meinert, Osterode
Einfluß der Oberfläche auf das Verschleißverhalten von Schmiedegesenken
1956, 62 Seiten, 29 Abb., 8 Tabellen, DM 14,60

HEFT 286
Dr.-Ing. K. Lange, Hannover, Dipl.-Ing. H. Meinert, Osterode, unter Mitarbeit von Dr.-Ing. H. Arend, Mülheim (Ruhr)
Verschleißverhalten hartverchromter Schmiedegesenke
1956, 74 Seiten, 53 Abb., 6 Tabellen, DM 17,65

HEFT 287
Prof. Dr.-Ing. habil. K. Krekeler, Aachen
Änderungen der mechanischen Eigenschaftswerte thermoplastischer Kunststoffe bei Beanspruchung in verschiedenen Medien
1956, 62 Seiten, 23 Abb., 5 Tabellen, DM 13,70

HEFT 288
Dr. K. Brücker-Steinkuhl, Düsseldorf
Anwendung mathematisch-statischer Verfahren in der Industrie
1956, 103 Seiten, 27 Abb., 14 Tabellen, DM 24,20

HEFT 289
Prof. Dr.-Ing. H. Winterhager, Aachen
Kombinierter Widerstands- und Lichtbogen-Vakuumofen zur Verarbeitung von Titanschwamm
Prof. Dr. Dr. h. c. R. Schwarz, Aachen
Erforschung neuer Wege zur Darstellung von Titanmetall
1957, 42 Seiten, 18 Abb., DM 9,70

HEFT 290
Dr. D. Horstmann, Düsseldorf
I. Der verstärkte Angriff des Zinks auf Eisen im Temperaturgebiet um 500° C
II. Einfluß eines Antimongehaltes auf den Angriff von Zinkschmelzen auf Eisen
1956, 48 Seiten, 33 Abb., 3 Tabellen, DM 11,90

HEFT 291
Dr.-Ing. H. J. Wiester und Dr. D. Horstmann, Düsseldorf
Der Angriff eisengesättigter Zinkschmelzen auf silizium- und manganhaltiges Eisen
1956, 52 Seiten, 45 Abb., 8 Tabellen, DM 12,60

HEFT 292
Dipl.-Ing. W. Rohs und Text.-Ing. H. Griese, Bielefeld
Webversuche an Leinenwebstühlen mit verbesserter Schaftbewegung
1956, 34 Seiten, 3 Abb., 2 Tabellen, DM 7,60

HEFT 293
Prof. J. W. Korte, unter Mitarbeit von Dipl.-Ing. P. A. Mäcke und Dipl.-Ing. W. Leutzbach, Aachen
Die Leistungsfähigkeit von Verkehrsanlagen des motorisierten städtischen Straßenverkehrs
1956, 98 Seiten, 35 Abb., 5 Tabellen, 1 Falttafel, DM 22,50

HEFT 294
Dipl.-Ing. B. Naendorf, Essen
Untersuchungen industrieller Gasbrenner
1956, 58 Seiten, 6 Abb., 3 Tabellen, DM 12,40

HEFT 295
Prof. Dr.-Ing. H. Opitz und Dipl.-Ing. H. Axer, Aachen
Untersuchung und Weiterentwicklung neuartiger elektrischer Bearbeitungsverfahren
1956, 42 Seiten, 27 Abb., DM 10,30

HEFT 296
Prof. Dr.-Ing. H. Opitz, Aachen
I. Untersuchungen an elektronischen Regelantrieben
II. Statische Untersuchungen zur Ausnutzung von Drehbänken
1956, 46 Seiten, 18 Abb., DM 10,40

HEFT 297
Dr. K. Schaarwächter, Düsseldorf
Die Reduktion von Siliziumtetrachlorid im Lichtbogen zur nachfolgenden Silizierung von Eisenblechen
in Vorbereitung

HEFT 298
Prof. Dr.-Ing. E. Oehler, Aachen
Untersuchung von kritischen Drehzahlen, die durch Kreiselmomente verursacht werden
1956, 50 Seiten, 35 Abb., DM 13,15

HEFT 299
Dr. J. Fassbender und W. Hoppe, Bonn
Eine photoelektrische Nachlaufeinrichtung für Analogie-Rechenmaschinen
1956, 20 Seiten, 8 Abb., DM 7,65

HEFT 300
Prof. Dr. E. Schütz und Privatdozent Dr. H. Caspers, Münster
Tierexperimentelle Untersuchungen über die Alkoholwirkungen auf Erregbarkeit und bioelektrische Spontanaktivität der Hirnrinde
1956, 44 Seiten, 6 Abb., 1 Tabelle, DM 9,55

HEFT 301
Prof. Dr. W. Weltzien, Dr. G. Cossmann und P. Diehl, Krefeld
Über die fraktionierte Füllung von Polyamiden (II)
1956, 54 Seiten, 1 Abb., 16 Tabellen, DM 11,30

HEFT 302
Prof. Dr.-Ing. W. Wegener und Dipl.-Ing. W. Zahn, Aachen
Untersuchungen von gesponnenen Garnen auf ihre Gleichmäßigkeit nach verschiedenen Meßmethoden
1957, 58 Seiten, 34 Abb., DM 15,20

HEFT 303
Prof. Dr. Ing. S. Kiesskalt, Aachen
Das Institut der Forschungsgesellschaft Verfahrenstechnik e. V. an der Technischen Hochschule Aachen
1956, 76 Seiten, 20 Abb., 3 Tabellen, DM 16,40

HEFT 304
Prof. Dr.-Ing. K. Krekeler, Düsseldorf, und Dipl.-Ing. A. Kleine-Albers, Aachen
Beitrag zur thermoelastischen Warmformbarkeit von Hart-PVC
1957, 72 Seiten, 29 Abb., DM 17,70

HEFT 305
Prof. Dr.-Ing. K. Krekeler, Düsseldorf, Dr.-Ing. H. Peukert, Aachen, und Dipl.-Ing. W. Schmitz, Siegburg
Heißgas-Schweißung von Hart-Polyvinylchlorid mit Zusatzwerkstoff
1956, 44 Seiten, 27 Abb., 5 Tabellen, DM 12,50

HEFT 306
Prof. Dr. B. Rensch, Münster
Elektrophysiologische Untersuchungen zur Analysierung der Bildung von Assoziationen und Gedächtnisspuren in Gehirn und Rückenmark
Prof. Dr. A. Loeser, Münster
Akute und chronische Giftwirkungen sauerstoffhaltiger Lösungsmittel
1956, 36 Seiten, 9 Abb., DM 8,90

HEFT 307
Privatdozent Dr. J. Juilfs, Krefeld
Vergleichende Untersuchungen zur elastischen und bleibenden Dehnung von Fasern
1956, 36 Seiten, 11 Abb., DM 8,30

HEFT 308
Privatdozent Dr. J. Juilfs, Krefeld
Zur Messung der Fadenglätte
1956, 22 Seiten, 10 Abb., 2 Tabellen, DM 8,—

HEFT 309
Prof. Dr. K. Cruse und Mitarbeiter, Clausthal-Zellerfeld
Aufbau und Arbeitsweise eines universell verwendbaren Hochfrequenz-Titrationsgerätes
1957, 48 Seiten, 29 Abb., DM 11,90

HEFT 310
Dr. P. F. Müller, Bonn
Die Integrieranlage des Rheinisch-Westfälischen Instituts für Instrumentelle Mathematik in Bonn
1956, 62 Seiten, 6 Abb., 30 Satzskizzen, DM 14,45

HEFT 311
Prof. Dr. F. Wever und Dr. M. Hempel, Düsseldorf
Dauerschwingfestigkeit von Stählen bei erhöhten Temperaturen
Teil I: Erkenntnisse aus bisherigen Dauerschwingversuchen in der Wärme
1956, 48 Seiten, 19 Abb., 2 Tabellen, DM 10,90

HEFT 312
Prof. Dr. F. Wever und Dr. M. Hempel, Düsseldorf
Dauerschwingfestigkeit von Stählen bei erhöhten Temperaturen
Teil II: Zug-Druck-Dauerschwingversuche an zwei warmfesten Stählen bei Temperaturen von 500 bis 650°
1956, 48 Seiten, 20 Abb., 3 Tabellen, DM 13,—

WESTDEUTSCHER VERLAG · KÖLN UND OPLADEN

HEFT 313
Prof. Dr. F. Wever, Dr. W. Koch und Dipl.-Phys. H. Rohde, Düsseldorf
Änderungen des Babitus und der Gitterkonstanten des Zementits in Chromstählen bei verschiedenen Wärmebehandlungen
1956, 88 Seiten, 29 Abb., 8 Tabellen, DM 20,90

HEFT 314
Prof. Dr. F. Wever, Dr.-Ing. A. Krisch, Düsseldorf, und Dr.-Ing. H.-J. Wiester, Essen
Veränderungen im Gefügeaufbau von Chrom-Nickel-Molybdän-Stählen bei langzeitiger Beanspruchung im Zeitstandversuch bei 500°
1956, 48 Seiten, 26 Abb., 5 Tabellen, DM 11,70

HEFT 315
Prof. Dr. F. Wever und Dr.-Ing. A. Krisch, Düsseldorf
Metallkundliche Untersuchungen an Zeitstandproben
1956, 38 Seiten, 12 Abb., DM 9,15

HEFT 316
Dr. F. Kenne, Aachen
Zusammenfassende Darstellung und Erweiterung des Aequivalenzsatzes für schallnahe Strömung
1956, 80 Seiten, 22 Abb., DM 17,90

HEFT 317
Dr.-Ing. J. Stelter, Aachen
Mikrobiologische Ultraschallwirkungen
1957, 106 Seiten, 41 Abb., 12 Tab., DM 23,90

HEFT 318
Dipl.-Ing. H. Kickert, Aachen
Über die Ausbreitung von Ultraschall in Luft
1957, 78 Seiten, 51 Abb., 7 Tab., DM 19,20

HEFT 319
Prof. Dr. C. Kröger, Aachen
Gemengereaktionen und Glasschmelze
1957, 118 Seiten, 53 Abb., 16 Tab., DM 26,—

HEFT 320
Dr. H.-E. Caspary, Köln
Verwendung von Szintillationszählern an Stelle von Zählrohren zur zerstörungsfreien Materialprüfung
1956, 42 Seiten, 13 Abb., 2 Tabellen, DM 10,10

HEFT 321
Prof. Dr. F. Wever, Düsseldorf, und Dr. W. Wepner, Köln
Gleichzeitige Bestimmung kleiner Kohlenstoff- und Stickstoffgehalte im α-Eisen durch Dämpfungsmessung
1956, 30 Seiten, 3 Abb., 4 Tabellen, DM 6,80

HEFT 322
Prof. Dr.-Ing. F. Bollenrath und Dipl.-Ing. W. Domke, Aachen
Eigenspannungen in vergüteten, dickwandigen Stahlzylindern nach Oberflächenhärtung mit induktiver Erwärmung
1956, 30 Seiten, 9 Abb., 2 Tabellen, DM 6,90

HEFT 323
Prof. Dr. R. Seyffert, Köln
Wege und Kosten der Distribution der Textilien, Schuh- und Lederwaren
1956, 98 Seiten, 37 Tabellen, 1 Falttaf., DM 12,—

HEFT 324
Prof. Dr.-Ing. H. Opitz, Dr.-Ing. E. Saljé und Dipl.-Ing. K. E. Schwartz, Aachen
Richtwerte für das Außenrund-Längs- und Einstechschleifen
1956, 62 Seiten, 44 Abb., 2 Tabellen, DM 13,85

HEFT 325
Prof. Dr. E. Schratz, Münster
Pharmakognostische Untersuchungen am Medizinal-Rhabarber
1957, 62 Seiten, 29 Abb., 3 Tabellen, DM 17,90

HEFT 326
Prof. Dr.-Ing. E. Essers und Mitarbeiter, Aachen
Deichselkräfte an Lastzügen
in Vorbereitung

HEFT 327
Prof. Dr.-Ing. habil. K. Krekeler und Dr.-Ing. H. Peukert, Aachen
Beitrag zur thermoelastischen Formbarkeit von Polyäthylen
1956, 56 Seiten, 49 Abb, 9 Tabellen, DM 12,80

HEFT 328
Dr. H. Maeder, Belo Horizonte
Schweißen von Temperguß
in Vorbereitung

HEFT 329
Dipl.-Ing. A. Krüger, Karlsruhe, und Feuerwehr-Ing. R. Radusch, Dortmund
Wasserzerstäubung im Strahlrohr
1956, 86 Seiten, 21 Abb., 3 Tabellen, DM 18,65

HEFT 330
Dipl.-Physiker E. Pepping, Aachen
Die Durchflußzahl des Rechteckschlitzes in einer sehr großen Wand
1957, 54 Seiten, 21 Abb., DM 12,35

HEFT 331
Dipl.-Ing. G. Bretschneider, Ruit
Die Messung der wiederkehrenden Spannung mit Hilfe des Netzmodelles
1957, 46 Seiten, 21 Abb., 2 Tab., DM 11,20

HEFT 332
Prof. Dr.-Ing. R. Jaeckel und Dr. G. Reich, Bonn
Messung von Dampfdrucken im Gebiet unter 10^{-2} Torr
1956, 42 Seiten, 16 Abb., 2 Tabellen, DM 10,40

HEFT 333
Prof. Dipl.-Ing. W. Sturtzel und Dr.-Ing. W. Graff, Duisburg
I. Der Flachwassereinfluß auf den Form- und Reibungswiderstand von Binnenschiffen
II. Der Flachwassereinfluß auf die Nachstrom- und Sogverhältnisse bei Binnenschiffen
1956, 44 Seiten, 14 Abb., DM 9,80

HEFT 334
Prof. Dr. W. Weizel und Dr. G. Meister, Bonn
Spektralanalyse durch Messung des Interferenz-Kontrastes
1956, 42 Seiten, DM 9,80

HEFT 335
Prof. Dr. W. Weizel und H. Hornberg, Bonn
Untersuchungen der anodischen Teile einer Glimmentladung
1957, 62 Seiten, 14 Farbabb., 21 Abb., 1 Tab., DM 32,80

HEFT 336
Dr. Tung-ping Yao, Aachen
Die Viskosität metallischer Schmelzen
1957, 64 Seiten, 28 Abb., 2 Tab., DM 14,40

HEFT 337
Dr. R. Hoeppener und Dr. W. Biertber, Bonn
Tektonik und Lagestätten im Rheinischen Schiefergebirge
1957, 66 Seiten, 14 Abb., DM 16,25

HEFT 338
Prof. Dr.-Ing. W. Wegener, Aachen, und Dipl.-Ing. J. Schneider, M.-Gladbach
Die Bedeutung der Knotenart für die Herabminderung der Fadenbrüche
1957, 40 Seiten, 6 Abb., DM 11,90

HEFT 339
Prof. Dr.-Ing. W. Wegener und Dipl.-Ing. W. Zahn, Aachen
Vergleich des normalen mit verschiedenen abgekürzten Baumwollspinnverfahren in bezug auf Gleichmäßigkeit und Sortierungsstreuung der Garne
1956, 56 Seiten, 17 Abb., 17 Tabellen, DM 12,70

HEFT 340
Dipl.-Ing. W. Rohs und Dipl.-Ing. R. Otto, Bielefeld
Das Naßspinnen von Bastfasergarnen mit Spinnbadzusätzen unter Ausnutzung einer zentralen Spinnwasserversorgungsanlage
1956, 56 Seiten, 2 Abb., 6 Tabellen, DM 11,60

HEFT 341
Prof. Dr.-Ing. H. Winterhager und Dipl.-Ing. L. Werner, Aachen
Präzisions-Meßverfahren zur Bestimmung des elektrischen Leitvermögens geschmolzener Salze
1956, 44 Seiten, 19 Abb., 1 Tabelle, DM 10,60

HEFT 342
Prof. Dr.-Ing. H. Winterhager und Dipl.-Ing. W. Barthel, Aachen
Die Gewinnung von Titanschlackenkonzentraten aus eisenreichen Ilemniten
1957, 60 Seiten, 30 Abb., 6 Tab., DM 13,30

HEFT 343
Prof. Dr.-Ing. W. Petersen, Aachen, und Dipl.-Ing. S. Wawroschek, Aachen
Die zweckmäßigsten Gütebestimmungsverfahren und Brikettierungsbedingungen bei der Erzeugung von Braunkohlen-Eisenerz-Briketts
1956, 64 Seiten, 28 Abb., DM 13,95

HEFT 344
Prof. Dr.-Ing. W. Fucks, Aachen
Zur Deutung einfachster mathematischer Sprachcharakteristiken
1956, 38 Seiten, 12 Abb., DM 7,80

HEFT 345
Dipl.-Ing. G. Cerbe und Dipl.-Ing. H. Monstadt, Essen
Konvektive Trocknung mit gasbeheizter Luft und Trocknung durch Gasstrahler
1957, 46 Seiten, 16 Abb., DM 10,40

HEFT 346
Dipl.-Ing. O. Arnold, Aachen
Erfahrungen mit Kernbohrungen zur Lagerstättenuntersuchung im Erzbergbau
1957, 36 Seiten, 2 Abb., 3 Falttaf. 6 Tab., DM 8,80

HEFT 347
S. Ruff, F. Kipp, H. Hansteen und G. Müller, Bonn
Untersuchungen zur Frage der Gehörschädigungen des fliegenden Personals der Propellerflugzeuge
1957, 50 Seiten, 27 Abb., 3 Tab., DM 11,10

HEFT 348
Prof. Dr.-Ing. E. Piwowarsky und Dr.-Ing. E. G. Nickel, Aachen
Metallurgie eines hochwertigen Gußeisens mit kompakter bis kugelförmiger Graphitausbildung
1957, 54 Seiten, 27 Abb., 5 Tab., DM 13,30

HEFT 349
Dr.-Ing. W. A. Fischer, Dr.-Ing. H. Treppschuh und Dr.-Ing. K. H. Köthemann, Düsseldorf
Tiegel aus Schmelzmagnesia für Vakuuminduktionsöfen
1957, 34 Seiten, 14 Abb. DM 8,40

HEFT 350
Prof. Dr.-Ing. habil. K. Krekeler und Dr.-Ing. H. Peukert, Aachen
Das Spannungsverhalten der Kunststoffe bei der Verarbeitung
in Vorbereitung

HEFT 351
Prof. Dr.-Ing. H. Opitz, Dipl.-Ing. H. Axer und Dipl.-Ing. H. Rhode, Aachen
Zerspanbarkeit hochwarmfester und nichtrostender Stähle. Teil I
1957, 96 Seiten, 73 Abb., 2 Tab., DM 21,80

HEFT 352
Dipl.-Ing. H. Fauser, Aachen
Fahrdynamik und Batterie-Arbeitsverbrauch von Akkumulatorenlokomotiven im Untertagebetrieb
in Vorbereitung

HEFT 353
Forschungsinstitut für Rationalisierung, Aachen
Schlagwortregister zur Rationalisierung
1957, 376 S., DM

HEFT 354
Dipl.-Ing. D. Wagener, Aachen
Auswirkungen neuer Gaserzeugungs-Verfahren unter Berücksichtigung der Auswirkung auf den Kokereibetrieb
in Vorbereitung

HEFT 355
Prof. Dr.-Ing. habil. K. Krekeler, Dr.-Ing. H. Peukert und Dipl.-Ing. A. Kleine-Albers, Aachen
Heißgas-Schweißungen von Weich-Polyvinylchlorid mit Zusatzwerkstoff
in Vorbereitung

HEFT 356
Dipl.-Phys. G. Gurke, Aachen
Aufbau einer Meßanlage für Untersuchungen elektrischer Gasentladung im Bereiche großer p. d.-Werte
1956, 38 Seiten, 13 Abb., DM 8,65

HEFT 357
Prof. Dr.-Ing. W. Fucks, Aachen
Mathematische Analyse der Formalstruktur von Musik
in Vorbereitung

HEFT 358
Prof. Dr. rer. nat. W. Weltzien, Dipl.-Chem. P. Ringel und Text.-Ing. H. Kirchhoff, Krefeld
Die Waschechtheit von Färbungen. Vergleichende Untersuchungen auf dem Gebiete der Echtheitsprüfung
in Vorbereitung

HEFT 359
Dr.-Ing. F. J. Meister, Düsseldorf
Veränderung der Hörschärfe, Lautheitsempfindung und Sprachaufnahme während des Arbeitsprozesses bei Lärmarbeitern
1957, 84 Seiten, 11 Abb., 1 Tab., 40 Audiogramme, 40 Tab., DM 19,90

HEFT 360
Dr.-Ing. E. Barz, Remscheid
Fertigungsverfahren und Spannungsverlauf bei Kreissägeblättern für Holz
1957, 72 Seiten, 40 Abb., DM 17,—

HEFT 361
Dipl.-Ing. H. F. Klein, Aachen
Die nichtstationären Strömungsvorgänge und der Wärmeübergang in einem Schwingfeuergerät
1957, 84 Seiten, 34 Abb., 4 Falttafeln, DM 25,90

HEFT 362
Prof. Dr. med. G. Lehmann und Dipl.-Phys. D. Dieckmann, Dortmund
Die Wirkung mechanischer Schwingungen (0,5 bis 100 Hertz) auf den Menschen
1957, 100 Seiten, 53 Abb., 6 Tab., DM 22,50

HEFT 363
Dr.-Ing. U. Domm, Frankenthal (Pfalz)
Über eine Hypothese, die den Mechanismus der Turbulenz-Entstehung betrifft
1956, 28 Seiten, 4 Abb., DM 6,45

HEFT 364
Prof. Dr. Th. Beste, Köln
Die Mehrkosten bei der Herstellung ungängiger Erzeugnisse im Vergleich zur Herstellung vereinheitlichter Erzeugnisse
1957, 352 Seiten, DM 50,—

HEFT 365
Sozialforschungsstelle an der Universität Münster, Dortmund
Standort und Wohnort
1957, Textband: 350 Seiten, 28 Karten, 73 Tab. Anlageband: 15 Karten, 21 Tab., DM 99,—

HEFT 366
Versuchsanstalt für Binnenschiffbau e. V., Duisburg
Bei Flachwasserfahrten durch die Strömungsverteilung am Boden und an den Seiten stattfindende Beeinflussung des Reibungswiderstandes von Schiffen
1957, 96 Seiten, 39 Abb., 28 Tab., DM 20,40

HEFT 367
Dr. rer. nat. D. Horstmann, Düsseldorf
Der Angriff eisengesättigter Zinkschmelzen auf kohlenstoff-, schwefel- und phosphorhaltiges Eisen
1957, 52 Seiten, 22 Abb., 6 Tab., DM 12,85

HEFT 368
Prof. Dr. phil. H. Kaiser, Dortmund
Entwicklung betriebsmäßiger spektrochemischer Analysenverfahren für technische Gläser
1957, 40 Seiten, 11 Abb., DM 9,10

HEFT 369
Prof. Dr.-Ing. R. Jaeckel und Dipl.-Phys. F. J. Schittko, Bonn
Gasabgabe von Werkstoffen ins Vakuum
1957, 48 Seiten, 20 Abb., 6 Tab., DM 13,30

HEFT 370
Dr. phil. habil. F. Schwarz, Köln
Physikochemische Grundlagen der Bildsamkeit von Kalken unter Einbeziehung des Begriffes der aktiven Oberfläche
in Vorbereitung

HEFT 371
Dr. phil. W. Lejeune, Köln
Beitrag zur statistischen Verifikation der Minderheiten-Theorie
in Vorbereitung

HEFT 372
Prof. Dr. phil. M. von Stackelberg, Bonn
Untersuchungen zur Ausarbeitung und Verbesserung von polarographischen Analysenmethoden. 2. Bericht
1957, 44 Seiten, 9 Abb., 7 Tab., DM 10,10

HEFT 373
Dipl.-Ing. H. J. Koch, Essen
Druckgasfeuerung — ein Verfahren zum Betrieb von Gasfeuerstätten
1957, 38 Seiten, 8 Abb., 10 Tab., DM 8,50

HEFT 374
Dr. E. Paproth, Krefeld
Paläontologische Bearbeitung der in den devonischen Schichten des Siegerlandes enthaltenen Faunen
1957, 38 Seiten, 3 Tab., DM 8,30

HEFT 375
Technischer Überwachungsverein e. V., Essen
Wanddickenmessungen mittels radioaktiver Strahlen und Zählrohrgerät
in Vorbereitung

HEFT 376
Technischer Überwachungsverein e. V., Essen
Wasserumlaufprobleme an Hochdruckkesseln
in Vorbereitung

HEFT 377
Technischer Überwachungsverein e. V., Essen
Versuche an Wanderrostkesseln mit befeuchteter Verbrennungsluft
in Vorbereitung

HEFT 378
Oberingenieur H. Stein, M.-Gladbach
Beobachtung und maßtechnische Erfassung der Vorgänge im Spinn- und Aufwindefeld von Ringspinn- und Ringzwirnmaschinen
in Vorbereitung

HEFT 379
Laboratorium für textile Meßtechnik, M.-Gladbach
Schußfadenspannung beim Weben
in Vorbereitung

HEFT 380
Dipl.-Phys. R. Trappenberg, Karlsruhe
Theoretische und experimentelle Untersuchungen zur Staubverteilung einer Rauchfahne
in Vorbereitung

HEFT 381
Dr. J. Juilfs, Krefeld
Zur Dichtebestimmung von Fasern. Methoden und Beispiele der praktischen Anwendung
in Vorbereitung

HEFT 382
Dr. phil. habil. P. Hölemann, Ing. R. Hasselmann und Ing. G. Dix, Dortmund
Die Messung von Flammen und Detonationsgeschwindigkeiten bei der explosiven Zersetzung von Acetylen in Rohren
1957, 36 Seiten, 7 Abb., 4 Tab., DM 8,10

HEFT 383
Dr. phil. habil. P. Hölemann und Ing. R. Hasselmann, Dortmund
Verlauf von Azetylenexplosionen in Rohren bei Gegenwart von porösen Massen
in Vorbereitung

HEFT 384
Prof. Dr.-Ing. H. Opitz, Aachen
Schwingungsuntersuchungen an Werkzeugmaschinen
in Vorbereitung

HEFT 385
Prof. Dr.-Ing. H. Opitz, Aachen
Zerspanbarkeit hochwarmfester und nichtrostender Stähle. Teil II
in Vorbereitung

HEFT 386
Prof. Dr.-Ing. H. Opitz, Aachen
Standzeituntersuchungen und Verschleißmessungen mit radioaktiven Isotopen
in Vorbereitung

HEFT 387
Prof. Dr. med. W. Kikuth und Dozent Dr. med. L. Grün, Düsseldorf
Die Verhütung von Infektion durch Desinfektion des Raumes und der Raumluft
in Vorbereitung

HEFT 388
Prof. Dr. rer. nat. habil. W. Baumeister und Dr. rer. nat. H. Burghardt, Münster
Die Bedeutung der Elemente Zink und Fluor für das Pflanzenwachstum
1957, 48 Seiten, 17 Tab. DM 10,20

HEFT 389
Prof. Dr.-Ing. habil. H. Fink und K. W. Hoppenhaus, Köln
Die biologische Eiweiß-Synthese von höheren und niederen Pilzen und die alimentäre Lebernekrose der Ratte
1957, 76 Seiten, 2 Abb., 24 Tab., DM 15,60

HEFT 390
Dr.-Ing. J. Endres und Dr.-Ing. G. Hiebel, München
Berechnung der optimalen Leistungen, Kraftstoffverbräuche und Wirkungsgrade von Luftfahrt-Gasturbinen-Triebwerken am Boden und in der Höhe bei Fluggeschwindigkeiten von 0—2000 km/h und bei vorgegebenen Düsenausströmgeschwindigkeiten
in Vorbereitung

HEFT 391
Prof. Dr. phil. F. Wever, Dr. phil. W. Koch und Dipl.-Chem. F. Stricker, Düsseldorf
Die quantitative spektrographische Analyse von Gasgemischen aus Kohlenmonoxyd, Wasserstoff und Stickstoff
in Vorbereitung

HEFT 392
Prof. Dr. phil. F. Wever u. a., Düsseldorf
Untersuchungen über den Konverterrauch im Hinblick auf die spektrale Überwachung des Thomasprozesses
in Vorbereitung

HEFT 393
Dr.-Ing. O. Viertel und S. Brückner-Lucas, Krefeld
Arbeitszeitstudien an Haushaltwaschmaschinen
in Vorbereitung

HEFT 394
Privatdozent Dr. med. W. Koch, Münster
Die Ablagerung radioaktiver Substanzen im Knochen
in Vorbereitung

HEFT 395
Dipl.-Ing. L. Hahn, Clausthal-Zellerfeld
Untersuchungen zur Frage des optimalen Bohrloch- und Patronendurchmessers
in Vorbereitung

HEFT 396
Prof. Dr.-Ing. F. Schultz-Grunow, Dr.-Ing. A. Jogerich, Essen, Dipl.-Ing. H. Meyer, cand. ing. P. Sand, Aachen
Untersuchungen des Luftwiderstandes von Güterwagen
in Vorbereitung

HEFT 397
Techn.-Wissenschaftliches Büro für die Bastfaserindustrie, Bielefeld
Ungleichmäßigkeiten in Bändern von Bastfaserkarden, ihre Ursachen und Auswirkungen
1957, 60 Seiten, 18 Abb., 1 Tab., DM 14,80

HEFT 398
Prof. Dr. habil. H. E. Schwiete, Aachen, u. a.
Einlagerungsversuche an synthetischem Mullit I. — Die Zusammensetzung der Schmelzphase in Schamottesteinen I
in Vorbereitung

HEFT 399
Prof. Dr. habil. H. E. Schwiete und Dr.-Ing. R. Vinkeloe, Aachen
Möglichkeiten der quantitativen Mineralanalyse mit dem Zählrohrgerät unter besonderer Berücksichtigung der Mineralgehaltsbestimmung von Tonen
in Vorbereitung

HEFT 400
Prof. Dr. phil. W. Fuchs und Dipl.-Chem. H. Weyerstrass, Aachen
Entwicklung eines Heißfilters zur Reinigung von Gichtgas eines mit Kohle betriebenen Niederschachtofens
in Vorbereitung

HEFT 401
Prof. Dr.-Ing. M. Lipp und Dipl.-Chem. G. Frielingsdorf, Aachen
Darstellung reaktionsfähiger Verbindungen des Camphansystems und Versuche zu deren Fluorierung
1957, 84 Seiten, DM 17,—

HEFT 402
Prof. Dr. W. Linke, Aachen
Die Wärmeübertragung durch Thermopane-Fenster
in Vorbereitung

HEFT 403
Prof. Dr.-Ing. P. Denzel und Dipl.-Ing. W. Cremer Aachen
Verbesserung der Benutzungsdauer der Höchstlast in ländlichen Netzen durch Anwendung elektrischer Geräte in der Landwirtschaft
in Vorbereitung

HEFT 404
Prof. Dr. R. Jaeckel und Dipl.-Phys. F. Gross, Bonn
Die Löslichkeit von Gasen in schwerflüchtigen organischen Flüssigkeiten
1957, 46 Seiten, 17 Abb., 1 Tab., DM 11,50

HEFT 405
Prof. Dr.-Ing. H. Opitz und Dipl.-Ing. H. Schuler, Aachen
Untersuchungen für einen Wirtschaftlichkeitsvergleich der Feinbearbeitungsverfahren
in Vorbereitung

HEFT 406
W. Kirsch, Remscheid
Entwicklungsarbeiten auf dem Gebiete des Korrosionsschutzes
1957, 86 Seiten, 28 Abb., 11 Tabellen, DM 19,—

HEFT 407
Prof. Dr.-Ing. H. Schenk, Aachen, und Dr.-Ing. W. Wenzel, Bad Godesberg
Entwicklungsarbeiten auf dem Gebiete der Verhüttung von Erzstaub in Schmelzkammern
1957, 82 Seiten, 9 Abb., 18 Tabellen, DM 17,10

HEFT 408
Prof. Dr. phil. F. Wever, Dr.-Ing. W. Lueg und Dr.-Ing. H. G. Müller, Düsseldorf
Kraft- und Arbeitsbedarf beim Warmscheren von Stahl in Abhängigkeit von Temperatur und Schnittgeschwindigkeit
in Vorbereitung

HEFT 409
Prof. Dr. phil. F. Wever, Dr. phil. W. Koch, Dr. rer. nat. Ch. Ilschner-Gensch und Dipl.-Phys. H. Rohde, Düsseldorf
Das Auftreten eines kubischen Nitrids in aluminiumlegierten Stählen
1957, 38 Seiten, 12 Abb., 3 Tabellen, DM 10,10

HEFT 410
Prof. Dr. phil. F. Wever, Prof. Dr. rer. techn. A. Kochendörfer, Dr. phil. nat. M. Hempel, Düsseldorf und Dipl.-Phys. E. Hillenhagen, Köln
Biegewechselversuche mit Flachproben aus Alpha-Eisen-Einkristallen zur Bestimmung der Wechselfestigkeit und der Gleitspuren
in Vorbereitung

HEFT 411
Prof. Dr. W. Halbsguth und Dr. L. Sommer, Frankfurt/M.
Grundlegende Versuche zur Keimungsphysiologie von Pilzsporen
in Vorbereitung

HEFT 412
Prof. Dr.-Ing. H. Opitz, Aachen
Kennwerte und Leistungsbedarf für Werkzeugmaschinengetriebe
in Vorbereitung

HEFT 413
Prof. Dr.-Ing. H. Opitz, Aachen
Richtwerte für das Fräsen von unlegierten und legierten Baustählen mit Hartmetall, Teil II
in Vorbereitung

HEFT 414
Dr. med. H. K. Parchwitz und Dr. med. C. Winkler, Bonn
Speicherung organischer Farbstoffe und künstlich radioaktiver Substanzen in Geschwülsten
in Vorbereitung

HEFT 415
Prof. Dr.-Ing. W. Paul, Dr. rer. nat. O. Osberghaus und Dipl.-Phys. E. Fischer, Bonn
Ein Ionenkäfig
in Vorbereitung

HEFT 416
Oberreg.-Gewerberat Dipl.-Ing. G. Steinicke, Hamburg
Die Wirkung von Lärm auf den Schlaf des Menschen
1957, 46 Seiten, 14 Abb., 8 Tab., DM 11,60

HEFT 417
Prof. Dr.-Ing. habil. E. Rößger, Berlin
I. Teil: Die Entwicklung des Weltluftverkehrs, Ergänzungsbericht 1954
II. Teil: Die zivile Luftfahrtpolitik der USA
1957, 230 Seiten, 6 Abb., 83 Tab., DM 48,—

HEFT 418
O. Gdaniec, Mülheim/Ruhr
Über die Randlochkarte als Hilfsmittel in der Dokumentation
1957, 44 Seiten, 15 Abb., 8 Tab., DM 10,10

HEFT 419
K. Brooks
Die Messungen der Reflexionseigenschaften künstlicher und natürlicher Materialien mit quasi-optischen Methoden bei Mikrowellen
in Vorbereitung

HEFT 420
M. Vogel
Das Spektralgebiet zwischen dem langwelligen Ultrarot und Mikrowellen
1957, 66 Seiten, 2 Abb., DM 13,50

HEFT 421
ORR Dipl.-Volkswirt Dr. H. Rogmann, Düsseldorf
Die Erforschung der Verkehrskonjunktur und der langzeitigen Dynamik in der Verkehrswirtschaft (Zusammenfassung der eingegangenen Stellungnahmen und Vorschläge)
1957, 168 Seiten, 3 Tab., DM 26,60

HEFT 422
Prof. Dr.-Ing. K. Leist und Dipl.-Ing. W. Dettmering, Aachen
Prüfstände zur Messung der Druckverteilung an rotierenden Schaufeln
in Vorbereitung

HEFT 423
Prof. Dr.-Ing. K. Leist und Dr.-Ing. O. Thun, Aachen
Strömungsmessungen über Brennkammer-Wirkungsgrade
in Vorbereitung

HEFT 424
Prof. Dr.-Ing. K. Leist und Dipl.-Ing. I. Weber, Aachen
Spannungsoptische Untersuchungen von rotierenden Scheiben mit exzentrischen Bohrungen
in Vorbereitung

HEFT 425
Dipl.-Ing. H. Lübke, Hamburg
Gasturbinen und Strahlantriebe für Hubschrauber
in Vorbereitung

HEFT 426
Prof. Dr.-Ing. H. Opitz und Dipl.-Ing. W. Scholz, Aachen
Untersuchungen über den Räumvorgang
1957, 74 Seiten, 36 Abb., 7 Tab., DM 16,55

HEFT 427
Dr.-Ing. J. Endres, München
Kinematische Untersuchung eines Zweitakt-Hochleistungs-Dieseltriebwerks mit achsparallelen Zylindern und gegenläufigen Kolben
in Vorbereitung

HEFT 428
Dr.-Ing. J. Endres, München
Untersuchungen der Beschleunigungsverhältnisse eines Zweitakt-Hochleistungs-Dieseltriebwerks mit achsparallelen Zylindern und gegenläufigen Kolben
in Vorbereitung

HEFT 429
Prof. Dr. O. Kuhn, Köln
Selektive Wirkung verschiedener Stoffgruppen auf tierische Gewebe
1957, 54 Seiten, 32 Abb., DM 13,15

HEFT 430
Prof. Dr. G. Garbotz, Aachen und Dr.-Ing. G. Dress, Cadiz
Untersuchungen über das Kräftespiel an Flachbagger-Schneidwerkzeugen in Mittelsand und schwach bindigem, sandigem Schluff unter besonderer Berücksichtigung der Planierschilde und ebenen Schürfkübelschneiden
in Vorbereitung

HEFT 431
Prof. Dr.-Ing. H. Winterhager, Dr.-Ing. R. Kammel und Dipl.-Ing. W. Barthel, Aachen
Fortschritte auf dem Gebiet der Titanmetallurgie 1950—1955
in Vorbereitung

HEFT 432
Dipl.-Phys. R. Werz, Bonn
Die Entwicklung einer Synchrozyklotron-Ionenquelle
in Vorbereitung

HEFT 433
Dr.-Ing. G. Satlow, Aachen
Über einige physikalische und chemische Eigenschaften der Wolle von der gewaschenen Wolle bis zum Kammzug
1957, 72 Seiten, 15 Abb., 19 Tab., DM 15,25

HEFT 434
Dipl.-Ing. W. Rohs und Dr. J. Geurten, Bielefeld
Schlichten für Baumwollgarne
in Vorbereitung

HEFT 435
Dipl.-Ing. W. Rohs und Dipl.-Ing. L. Steinmetz, Bielefeld
Die Masseungleichmäßigkeit von Flachstreckenbändern in Abhängigkeit von Verzug und Dopplung
in Vorbereitung

HEFT 436
Priv.-Doz. Dr. habil. J. Juilfs, Krefeld
Zur Bestimmung der Reißlast (Zugfestigkeit) von Fasern, Fäden und Garnen
in Vorbereitung

HEFT 437
Prof. Dr. G. Schmölders und Dr. I. Meyer, Köln
Geldwertbewußtsein und Münzpolitik. — Das sogenannte Gresham'sche Gesetz im Lichte der ökonomischen Verhaltensforschung
1957, 92 Seiten, DM 20,30

HEFT 438
Prof. Dr.-Ing. H. Winterhager und Dr.-Ing. L. Werner, Aachen
Bestimmung des elektrischen Leitvermögens geschmolzener Fluoride
1957, 52 Seiten, 18 Abb., 10 Tab., DM 11,90

HEFT 439
Prof. Dr. phil. H. Lange, Köln und Dr. rer. nat. R. Kohlhaas, Neuß/Rh.
Anwendung der thermomagnetischen Analyse zum Studium des Umwandlungsverhaltens von Eisenwerkstoffen im Temperaturbereich von —150° C bis +150°C
in Vorbereitung

HEFT 440
Dr.-Ing. H. Wolf, Aachen
Gekoppelte Hochfrequenzleitungen als Richtkoppler
in Vorbereitung

HEFT 441
Dr. phil. habil. P. Hölemann und Ing. R. Hasselmann, Düsseldorf
Messung des Temperatur- und Druckverlaufes beim Füllen und Entspannen von Dissousgas
1957, 52 Seiten, 6 Abb., 7 Tab., DM 11,25

HEFT 442
Dipl.-Ing. W. Rohs, Text.-Ing. Griese und Text.-Ing. W. Lauer, Bielefeld
Die Auswirkungen der Trocknungsart naßgesponnener Leinengarne auf deren Verarbeitungswirkungsgrad sowie auf die Festigkeits- und Dehnungseigenschaften der Garne und Gewebe
1957, 28 Seiten, 2 Abb., 3 Tab., DM 6,50

HEFT 443
Prof. Dr. phil. W. Weizel und K. Kluth, Bonn
Über die Struktur der positiven Gleitentladungen
in Vorbereitung

HEFT 444
Dr.-Ing. W. Wilhelm, Aachen
Einfluß der Saugrohrabmessung, der Einlaßsteuerlage und der Größe des Kurbelkastenvolumens auf den Ladungswechsel eines Einzylinder-Zweitakt-Dieselmotors
in Vorbereitung

HEFT 445
Dr.-Ing. E. Barz, Remscheid
Fertigungs- und Prüfverfahren für Feilen
vergriffen

HEFT 446
Dr. med. G. Schäfer
Glutationsstoffwechsel und Sauerstoffmangel
1957, 28 Seiten, 5 Tab., DM 6,40

HEFT 447
Prof. Dr.-Ing. F. Bollenrath, Aachen, Dr.-Ing. H. Füllenbach, Seesen/Harz und Dipl.-Ing. J. Schumacher, Neubeckum/Westf.
Entwicklung rationell arbeitender Spritzkabinen
in Vorbereitung

HEFT 448
Dr. med. C. Winkler, Bonn
Ein Koinzidenz-Szintillometer zum Zwecke der Schilddrüsenfunktionsdiagnostik und der Tumordiagnostik
in Vorbereitung

HEFT 449
Priv.-Doz. Oberbaurat Dr.-Ing. W. Meyer zur Capellen und Mitarbeiter, Aachen
Bewegungsverhältnisse an der geschränkten Schubkurbel
in Vorbereitung

HEFT 450
Prof. Dr.-Ing. W. Paul, Bonn und Dipl.-Phys. H. P. Reinhard, M.-Gladbach
Das elektrische Massenfilter als Isotopentrenner
in Vorbereitung

HEFT 451
Prof. Dr. G. Schmölders, Köln
Rationalisierung und Steuersystem
in Vorbereitung

HEFT 452
Prof. Dr. rer. nat. W. Weltzien und Dr. phil. K. Windeck, Krefeld
Veränderungen an Fasern bei der Bleiche mit Natriumchlorid und über einige Vergilbungserscheinungen
in Vorbereitung

HEFT 453
Forschungsinstitut der Feuerfest-Industrie, Bonn
Die Arbeiten der technisch-wissenschaftlichen Kommission der PRE (Vereinigung der europäischen Feuerfest-Industrie)
in Vorbereitung

HEFT 454
Dr.-Ing. W. Piepenburg, Dipl.-Ing. B. Bühling und Bauing. J. Behnke, Köln
Haftfestigkeit der Putzmörtel
in Vorbereitung

WESTDEUTSCHER VERLAG · KÖLN UND OPLADEN

HEFT 455

Dr.-Ing. W. A. Fischer, Dr.-Ing. H. Treppschuh und Dipl.-Phys. K. H. Köthemann, Düsseldorf

Erschmelzung von Reinsteisen nach dem Kohlenstoffproduktionsverfahren und Kerbschlagzähigkeit-Temperatur-Kurven dieses Eisens

in Vorbereitung

HEFT 456

Priv.-Doz. Dir. Dr.-Ing. K. Bungardt, Essen

Zeitstandversuche an austenitischen Stählen und Legierungen

in Vorbereitung

HEFT 457

Prof. Dr. phil. F. Wever, Düsseldorf und Dr. phil. W. Wepner, Köln

Dämpfungsmessungen an schwach gereckten Eisen-Kohlenstoff-Legierungen

1957, 34 Seiten, 7 Abb., 3 Tab., DM 8,40

HEFT 458

Prof. Dr.-Ing. H. Schenck und Dr.-Ing. E. Schmidtmann, Aachen

Das Frischen von Thomas-Roheisen mit Sauerstoff-Wasserdampf-Gemischen und die Eigenschaften der damit erblasenen Stähle

in Vorbereitung

HEFT 459

Prof. Dr. phil. F. Wever, Dr. phil. O. Krisement und Hanna Schädler, Düsseldorf

Ein isothermes Mikrokalorimeter zur kinetischen Messung von Umwandlungs- und Ausscheidungsvorgängen in Legierungen

in Vorbereitung

HEFT 460

Prof. Dr. phil. F. Wever und Dr. rer. nat. B. Ilschner, Düsseldorf

Ein isothermes Lösungskalorimeter zur Bestimmung thermo-dynamischer Zustandsgrößen von Legierungen

in Vorbereitung

HEFT 461

Prof. Dr.-Ing. habil. E. Piwowarski †, Prof. Dr.-Ing. W. Patterson und Dipl.-Ing. F. W. Iske, Aachen

Verbesserung der Zähigkeitseigenschaften von Bessemer-Stahlguß

in Vorbereitung

HEFT 462

Prof. Dr. rer. nat. J. Weissinger

Zur Aerodynamik des Ringflügels — II. Die Ruderwirkung

Zur Aerodynamik des Ringflügels — III. Der Einfluß der Profildicken

in Vorbereitung

HEFT 463

Dipl.-Ing. G. Plüss, Essen-Steele

Die Aufteilung der verbrennlichen Bestandteile in Verbrennungsgasen auf CO und H_2 bei Verbrennung mit Luftunterschuß und bei Luftüberschuß und künstlicher Flammenkühlung

in Vorbereitung

HEFT 464

Dr. phil. habil. P. Hölemann und Ing. R. Hasselmann, Dortmund

Die Möglichkeit der Zündung von Acetylen in Rohrleitungen beim Ausbleiben mit Stickstoff

in Vorbereitung

HEFT 465

Dr.-Ing. R. Koch, Köln

Amerikanische Fertigungsunterlagen und ihre Werkstattreifmachung für deutsche Betriebe

in Vorbereitung

HEFT 466

Prof. Dr.-Ing. J. Mathieu, Aachen

Überbetrieblicher Verfahrensvergleich

in Vorbereitung

HEFT 467

Prof. Dr. Dr. h. c. E. Klenk und Dr. phil. H. Faillard, Köln

Neue Erkenntnisse über den Mechanismus der Zellinfektion durch Influenzavirus

Die Bedeutung der Neuraminsäure als Zellreceptor für das Influenzavirus

in Vorbereitung

HEFT 468

Prof. Dr. med. Dr. med. dent. G. Korkhaus und Dr. med. R. Alfter, Bonn

Die Vakuumwurzelbehandlung

in Vorbereitung

HEFT 469

Dr. sc. agr. F. Riemann und Dipl.-Volksw. R. Hengstenberg, Göttingen

Zur Industrialisierung kleinbäuerlicher Räume

1957, 130 Seiten, 5 Karten, 23 Tab., DM 27,—

HEFT 470

O. Wehrmann

Hitzdrahtmessungen in einer aufgespaltenen Kármánschen Wirbelstraße

1957, 42 Seiten, 14 Abb., 4 Tab., DM 10,90

HEFT 471

Prof. Dr. phil. habil. A. Naumann, Dr.-Ing. A. Heyser und Dr. phil. Dipl.-Ing. W. Trommsdorf, Aachen

Der Überdruck-Windkanal in Aachen

in Vorbereitung

HEFT 472

Dipl.-Ing. A. Freitag, Essen-Steele

Verhalten von Katalytstrahlern bei Betrieb mit Luftvormischung zum Gas und der Verbrennung von Luft gegen eine Gasatmosphäre

in Vorbereitung

HEFT 473

Prof. Dr. phil. F. Wever, Dr.-Ing. W. Lueg und Dipl.-Ing. P. Funke jr. Düsseldorf

Versuche an einer hydraulischen 25 t-Stangenziehbank

in Vorbereitung

HEFT 474

Dr.-Ing. R. Ibing und Dipl.-Ing. G. Meier, Hannover

Eichung und Entwicklung von Staubentnahmesonden

in Vorbereitung

HEFT 475

Prof. Dipl.-Ing. W. Sturtzel, Obering. Helm und Dipl.-Ing. Heuser, Duisburg

Systematische Ruderversuche mit einem Schleppkahn und einem Binnenselbstfahrer vom Typ „Gustav Koenigs"

in Vorbereitung

HEFT 476

Prof. Dipl.-Ing. W. Sturtzel und Dipl.-Ing. Schmidt-Stiebitz, Duisburg

Einfluß der Hinterschiffsform auf das Manövrieren von Schiffen auf flachem Wasser

in Vorbereitung

HEFT 477

Dr. K. Utermann, Dortmund

Freizeitprobleme bei der männlichen Jugend einer Zechengemeinde

in Vorbereitung

HEFT 478

Prof. Dr.-Ing. habil. W. Petersen und Dr.-Ing. S. Wawroschek, Aachen

Brikettierungsversuche zur Erzeugung von Möllerbriketts unter Verwendung von Braunkohle

in Vorbereitung

HEFT 479

Prof. Dr.-Ing. W. Wegener, Aachen und Dipl.-Ing. H. Fourné, Bochum

Ursachen des Überschreitens der Toleranzgrenze nach oben oder unten (Meter pro Gramm) an der Strecke

in Vorbereitung

HEFT 480

Dr. phil. K. Brücker-Steinkuhl, Düsseldorf

Anwendung mathematisch-statistischer Verfahren bei der Fabrikationsüberwachung

in Vorbereitung

HEFT 481

Oberbaurat Dr.-Ing. W. Meyer zur Capellen, Aachen

Fünf- und sechspunktige Geradführung in Sonderlagen des ebenen Gelenkvierecks

in Vorbereitung

HEFT 482

Dipl.-Ing. R. Pels-Leusden und Dr. K. Bergmann, Essen

Die Frostbeständigkeit von Ziegeln; Einflüsse der Materialzusammensetzung und des Brandes

in Vorbereitung

HEFT 483

Prof. Dr.-Ing. habil. F. A. F. Schmidt, Aachen

Gemischbildungs-, Selbstzündungs- und Verbrennungsvorgänge als Grundlage für Entwicklungsarbeiten an Gasturbinenbrennkammern

in Vorbereitung

HEFT 484

Prof. Dr. habil H. E. Schwiete und Dr. G. Schwiete, Aachen

Beitrag zur Struktur des Montmorillonit

in Vorbereitung

HEFT 485

Prof. Dr. phil. E. Jenckel, Aachen, Dr. H. Wilsing, Dormagen, Dr. H. Dörffurt, Wesseling/Bez. Köln und Dipl.-Phys. H. Rinkens, Eschweiler

Kristallisation und Hochpolymeren

in Vorbereitung

HEFT 486

Doz. Dr. med. E. Lerche und Dr. med. J. Schulze, Aachen

Hörermüdung und Adaptation im Tierexperiment

in Vorbereitung

HEFT 487

Prof. Dipl.-Ing. W. Blume, Duisburg

Festigkeitseigenschaften kombinierter Leichtbaustoffe im Hinblick auf die Verkehrstechnik, insbesondere des Flugzeugbaus

in Vorbereitung

HEFT 488

Prof. Dr. habil. H. E. Schwiete und Dipl.-Chem. H. Westmark

Beitrag zur Kennzeichnung der Texturen von Schamottesteinen

in Vorbereitung

HEFT 489

Dipl.-Math. K. H. Müller

Strenge Lösungen der Navier-Stokes-Gleichung für rotationssymmetrische Strömungen

in Vorbereitung

HEFT 490

Hauptstelle für Staub- und Silikosebekämpfung des Steinkohlenbergbauvereins, Essen-Rüttenscheid

Zur Staub- und Silikosebekämpfung im Steinkohlenbergbau

in Vorbereitung

HEFT 491

Prof. Dr. Fr. Lotze und K. Kötter, Münster

Chloridgehalte des oberen Emsgebietes und ihre Beziehungen zur Hydrogeologie

in Vorbereitung

HEFT 492

Prof.-Dr. phil. J. Meixner und B. Manz, Aachen

Zur Theorie der irreversiblen Prozesse in α-Eisen

in Vorbereitung

HEFT 493

Prof. Dr. phil. habil. A. Naumann und Dipl.-Ing. H. Pfeiffer, Aachen

Versuche an Wirbelstraßen hinter Zylindern bei hohen Geschwindigkeiten

in Vorbereitung

HEFT 494

Dipl.-Ing. W. Rohs und Text.-Ing. Griese, Bielefeld

Entwicklung und Erprobung eines verbesserten elektrischen Kettfadenwächtergeschirrs für die Leinen- und Halbleinenweberei

in Vorbereitung

HEFT 495

Prof. Dr. phil. E. Asmus und Dr. rer. nat. H.-F. Kurandt, Berlin

Einige analytische Anwendungen der Zincke-Königschen Reaktion

in Vorbereitung

HEFT 496

Dipl.-Chem. P. Vogel, Krefeld

Färberische Eigenschaften von zur Herstellung von Verdickungen in der Stoffdruckerei bestimmten Sorten

in Vorbereitung

HEFT 497

Oberarzt Dr. med. G. Mußgnug, Bottrop

Die Knochenveränderungen und der Knochenstoffwechsel beim Sudeck-Syndrom

in Vorbereitung

HEFT 498

Prof. Dr.-Ing. H. Zahn und Dr. rer. nat. W. Gerstner, Aachen

Herstellung säurefester technischer Gewebe

in Vorbereitung

HEFT 499

Priv.-Doz. Dr. J. Juilfs, Krefeld

Die Bestimmung des Wasserrückhaltevermögens (bzw. des Quellwertes) von Fasern

in Vorbereitung

HEFT 500
Priv.-Doz. Dr. J. Juilfs, Krefeld
Vergleichende Untersuchungen am Schopper-Scheuer-prüfgerät
in Vorbereitung

HEFT 501
Dipl.-Ing. W. Rohs und Dr. J. Geurten, Bielefeld
Untersuchungen in der Leinengarnbleiche
in Vorbereitung

HEFT 502
Prof. Dr. M. Diem und Dr. R. Trappenberg, Karlsruhe
Berechnung der Ausbreitung von Staub und Gas
1957, 30 Seiten, Anhang 67 Diagramme, DM 37,30

HEFT 503
Prof. Dr. W. Weizel und Dr. rer. nat. J. Faßbender, Bonn
Untersuchungen über die Eigenschaften von Cadmiumsulfid-Sandwich-Zellen
in Vorbereitung

HEFT 504
Prof. Dr. phil. F. Wever, Dr. phil. W. Wink und Dr. rer. nat. W. Jellinghaus, Düsseldorf
Versuchsanordnung zur Messung der Suszeptibilität paramagnetischer Stoffe und Meßergebnisse an Nickel-Chrom- und Kobalt-Nickel-Chrom-Werkstoffen
in Vorbereitung

HEFT 505
Prof. Dr.-Ing. F. A. F. Schmidt und Dipl.-Ing. H. Heitland, Aachen
Einfluß des Selbstzündungsverhaltens der Kraftstoffe auf den Verbrennungsablauf, Wirkungsgrad und Druckverlust von Hochleistungsbrennkammern
in Vorbereitung

HEFT 506
Prof. Dr.-Ing. W. Meyer zur Capellen, Aachen
Der Flächeninhalt von Koppelkurven. — Ein Beitrag zu ihrem Formenwandel
in Vorbereitung

HEFT 507
Prof. Dr. H. Kaiser, Dr. G. Bergmann und Dr. G. Gresze, Dortmund
Kartei zur Dokumentation in der Molekülspektroskopie
in Vorbereitung

HEFT 508
Dr. H. Schmidt-Ries, Krefeld
Limnologische Untersuchungen des Rheinstromes I (Hydrobiologische und physiographische Untersuchungen
in Vorbereitung

HEFT 509
Dr. Schmidt-Ries, Krefeld
Limnologische Untersuchungen des Rheinstromes I (Tabellenwerk)
in Vorbereitung

HEFT 510
Prof. Dr. rer. nat. W. Groth und Dr.-Ing. K. Bayerle, Bonn
Anreicherung der Uranisotope nach dem Gaszentrifugenverfahren
in Vorbereitung

HEFT 511
H. Wahl, G. Kantenwein und W. Schäfer, Essen
Gesteinsbohr-Modellversuche zur Frage des Drehbohrens, Schlagbohrens und Drehschlagbohrens
in Vorbereitung

HEFT 512
Prof. Dr. H. Strassl, Bonn
Azimut-Monogramme für alle Stundenwinkel und Deklinationen im Bereich der geographischen Breiten von —80° bis +80°
in Vorbereitung

HEFT 513
Prof. Dr. W. Schmitz und Dr. rer. F. Schmitt, Mülheim/Ruhr
Die Verwendung des Magnetbandgerätes zur Speicherung des Kurvenverlaufs elektrischer Ströme
in Vorbereitung

HEFT 514
Dr. rer. nat. M.-E. Meffert, Essen
Die Kultur von Scenedesmus obliquus in Abwasser
in Vorbereitung

HEFT 515
Prof. Dr. habil. H. E. Schwiete und Dr.-Ing. Chr. Hummel, Aachen
Thermochemische Untersuchungen im System SiO_2 und $Na_2O—SiO_2$
in Vorbereitung

HEFT 516
Prof. Dr.-Ing. H. Müller, Dipl.-Ing. F. Reinke und Dipl.-Ing. W. Sorgenicht, Essen
Gesamtstrahlungsmessungen der Temperaturstrahlung
in Vorbereitung

HEFT 517
Prof. Dr. med. G. Lehmann und Dr. med. J. Meyer-Delius, Dortmund
Gefäßreaktionen der Körperperipherie bei Schalleinwirkung
in Vorbereitung

HEFT 518
Dr.-Ing. H. Scheffler, Dortmund
Funktionelle Zusammenhänge der dynamischen Einflußgrößen beim handgeführten Druckluft-Abbauhammer und ihre Berücksichtigung für die Konstruktion rückstoßarmer Hämmer
in Vorbereitung

HEFT 519
Prof. Dr. phil. F. Wever, Dr. phil. W. Koch und Dr. phil. S. Eckhard, Düsseldorf
Die spektrographische Bestimmung der Spurenelemente in Stahl ohne vorherige Abbrennung
in Vorbereitung

HEFT 520
Prof. Dr.-Ing. H. Opitz, Dipl.-Ing. H. Obrig und Dipl.-Ing. P. Kips, Aachen
Untersuchung neuartiger elektrischer Bearbeitungsverfahren
in Vorbereitung

HEFT 521
Prof. Dr.-Ing. H. Opitz und Dipl.-Ing. K. E. Schwartz, Aachen
Das Abrichten von Schleifscheiben mit Diamanten
in Vorbereitung

HEFT 522
J. Lorentz und K. Brocks
Elektrische Meßverfahren in der Geodäsie
in Vorbereitung

HEFT 523
K. Eberts
Entwicklungen einiger Meßverfahren und einer Frequenz- und amplitudenstabilisierten Meßeinrichtung zur gleichzeitigen Bestimmung der komplexen Dielektrizitäts- und Permeabilitätskonstante von festen und flüssigen Materialien im rechteckigen Hohlleiter und im freien Raum bei Frequenzen von 9200 und 33000 MHz
in Vorbereitung

HEFT 524
Dr. rer. nat. S. Lockau, Emlichheim
Versuche zur Gewinnung von Kartoffeleiweiß
in Vorbereitung

HEFT 525
Prof. Dr. Dr. h.c. H. P. Kaufmann und Dr. F. Weghorst, Münster
Beiträge zur Chemie und Technologie der Fetthärtung I

HEFT 526
Dr. phil. habil. P. Hölemann und Ing. R. Hasselmann, Dortmund
Einfluß der Oberflächenbeschaffenheit der Wandung auf den Ablauf von Azetylenexplosionen
in Vorbereitung

HEFT 527
Dr. rer. nat. K. G. Müller, Hanau/W.
Wärmeübertragung auf eine Flugstaubströmung im senkrechten Rohr sowie auf eine durchströmte Schüttgutschicht
in Vorbereitung

HEFT 528
Dr. P. Ney und Dr. F. Schwarz, Köln
Physikochemische Grundlagen der Bildsamkeit von Kalken unter Einbeziehung des Begriffs der aktiven Oberfläche
Kristallchemische Betrachtung der Bildsamkeit
in Vorbereitung

HEFT 529
Dr. phil. G. Riedel, Dortmund
Messung und Regelung des Klimazustandes durch eine die Erträglichkeit für den Menschen anzeigende Klimasonde
in Vorbereitung

HEFT 530
Prof. Dr. med. O. Graf, Dortmund
Nervöse Belastung im Betrieb — I. Teil: Nachtarbeit und nervöse Belastung
in Vorbereitung

HEFT 531
Prof. Dr.-Ing. habil. K. Krekeler, Dipl.-Ing. H. Verhoeven und Dipl.-Ing. H. Ernenputsch, Aachen
Autogenes Entspannen bei niedrigen Temperaturen
in Vorbereitung

HEFT 532
Prof. Dr.-Ing. habil. K. Krekeler, Dipl.-Ing. H. Verhoeven und Dipl.-Ing. W. Krieweth, Aachen
Schutzgasschweißen mit kontinuierlich abschmelzender Elektrode von niedriglegierten Kohlenstoffstählen (Sigma-Schweißen)
in Vorbereitung

WESTDEUTSCHER VERLAG · KÖLN UND OPLADEN

GPSR Compliance

The European Union's (EU) General Product Safety Regulation (GPSR) is a set of rules that requires consumer products to be safe and our obligations to ensure this.

If you have any concerns about our products, you can contact us on ProductSafety@springernature.com

In case Publisher is established outside the EU, the EU authorized representative is:

Springer Nature Customer Service Center GmbH
Europaplatz 3
69115 Heidelberg, Germany

Batch number: 10585057

Printed by Printforce, the Netherlands